智能制造系列教材

边缘计算及应用

EDGE COMPUTING AND
ITS APPLICATION

滕少华 主编　　黎坚　副主编

龙晓琼 李泓澍 杜翠凤 蒋仕宝 陈少权 参编

清华大学出版社

北京

图书在版编目(CIP)数据

边缘计算及应用/滕少华主编. —北京：清华大学出版社，2024.2（2024.12重印）
智能制造系列教材
ISBN 978-7-302-65636-4

Ⅰ．①边… Ⅱ．①滕… Ⅲ．①智能制造系统－教材 Ⅳ．①TH166

中国国家版本馆 CIP 数据核字(2024)第 044911 号

责任编辑：刘　杨
封面设计：李召霞
责任校对：赵丽敏
责任印制：沈　露

出版发行：清华大学出版社
　　　　网　　　址：https://www.tup.com.cn，https://www.wqxuetang.com
　　　　地　　　址：北京清华大学学研大厦 A 座　　　邮　　编：100084
　　　　社 总 机：010-83470000　　　　　　　　　邮　　购：010-62786544
　　　　投稿与读者服务：010-62776969，c-service@tup.tsinghua.edu.cn
　　　　质量反馈：010-62772015，zhiliang@tup.tsinghua.edu.cn
印 装 者：小森印刷霸州有限公司
经　　销：全国新华书店
开　　本：170mm×240mm　　印　张：7.5　　　　　字　　数：149 千字
版　　次：2024 年 3 月第 1 版　　　　　　　　印　　次：2024 年 12 月第 2 次印刷
定　　价：24.00 元

产品编号：094768-01

智能制造系列教材编审委员会

多年前人们就感叹，人类已进入互联网时代；近些年人们又惊叹，社会步入物联网时代。牛津大学教授舍恩伯格（Viktor Mayer-Schönberger）心目中大数据时代最大的转变，就是放弃对因果关系的渴求，转而关注相关关系。人工智能则像一个幽灵徘徊在各个领域，兴奋、疑惑、不安等情绪分别蔓延在不同的业界人士中间。今天，5G 的出现使得作为整个社会神经系统的互联网和物联网更加敏捷，使得宛如社会血液的数据更富有生命力，自然也使得人工智能未来能在某些局部领域扮演超级脑力的作用。于是，人们惊呼数字经济的来临，憧憬智慧城市、智慧社会的到来，人们还想象着虚拟世界与现实世界、数字世界与物理世界的融合。这真是一个令人咋舌的时代！

但如果真以为未来经济就"数字"了，以为传统工业就"夕阳"了，那可以说我们就真正迷失在"数字"里了。人类的生命及其社会活动更多地依赖物质需求，除非未来人类生命形态真的变成"数字生命"了，不用说维系生命的食物之类的物质，就连"互联""数据""智能"等这些满足人类高级需求的功能也得依赖物理装备。所以，人类最基本的活动便是把物质变成有用的东西——制造！无论是互联网、物联网、大数据、人工智能，还是数字经济、数字社会，都应该落脚在制造上，而且制造是其应用的最大领域。

前些年，我国把智能制造作为制造强国战略的主攻方向，即便从世界上看，也是有先见之明的。在强国战略的推动下，少数推行智能制造的企业取得了明显效益，更多企业对智能制造的需求日盛。在这样的背景下，很多学校成立了智能制造等新专业（其中有教育部的推动作用）。尽管一窝蜂地开办智能制造专业未必是一个好现象，但智能制造的相关教材对于高等院校与制造关联的专业（如机械、材料、能源动力、工业工程、计算机、控制、管理……）都是刚性需求，只是侧重点不一。

教育部高等学校机械类专业教学指导委员会（以下简称"机械教指委"）不失时机地发起编著这套智能制造系列教材。在机械教指委的推动和清华大学出版社的组织下，系列教材编委会认真思考，在 2020 年新型冠状病毒感染疫情正盛之时进行视频讨论，其后教材的编写和出版工作有序进行。

编写本系列教材的目的是为智能制造专业以及与制造相关的专业提供有关智能制造的学习教材，当然教材也可以作为企业相关的工程师和管理人员学习和培训之用。系列教材包括主干教材和模块单元教材,可满足智能制造相关专业的基础课和专业课的需求。

主干教材,即《智能制造概论》《智能制造装备基础》《工业互联网基础》《数据技术基础》《制造智能技术基础》,可以使学生或工程师对智能制造有基本的认识。其中,《智能制造概论》教材给读者一个智能制造的概貌,不仅概述智能制造系统的构成,而且还详细介绍智能制造的理念、意识和思维,有利于读者领悟智能制造的真谛。其他几本教材分别论及智能制造系统的"躯干""神经""血液""大脑"。对于智能制造专业的学生而言,应该尽可能必修主干课程。如此配置的主干课程教材应该是本系列教材的特点之一。

本系列教材的特点之二是配合"微课程"设计了模块单元教材。智能制造的知识体系极为庞杂,几乎所有的数字-智能技术和制造领域的新技术都和智能制造有关,不仅涉及人工智能、大数据、物联网、5G、VR/AR、机器人、增材制造(3D 打印)等热门技术,而且像区块链、边缘计算、知识工程、数字孪生等前沿技术都有相应的模块单元介绍。本系列教材中的模块单元差不多成了智能制造的知识百科。学校可以基于模块单元教材开出微课程(1 学分),供学生选修。

本系列教材的特点之三是模块单元教材可以根据各所学校或者专业的需要拼合成不同的课程教材,列举如下。

♯课程例 1——"智能产品开发"(3 学分),内容选自模块:

➤ 优化设计

➤ 智能工艺设计

➤ 绿色设计

➤ 可重用设计

➤ 多领域物理建模

➤ 知识工程

➤ 群体智能

➤ 工业互联网平台

♯课程例 2——"服务制造"(3 学分),内容选自模块:

➤ 传感与测量技术

➤ 工业物联网

➤ 移动通信

➤ 大数据基础

➤ 工业互联网平台

➤ 智能运维与健康管理

♯课程例 3——"智能车间与工厂"(3 学分),内容选自模块:

➤ 智能工艺设计

➤ 智能装配工艺

➢ 传感与测量技术

➢ 智能数控

➢ 工业机器人

➢ 协作机器人

➢ 智能调度

➢ 制造执行系统(MES)

➢ 制造质量控制

总之,模块单元教材可以组成诸多可能的课程教材,还有如"机器人及智能制造应用""大批量定制生产"等。

此外,编委会还强调应突出知识的节点及其关联,这也是此系列教材的特点。关联不仅体现在某一课程的知识节点之间,也表现在不同课程的知识节点之间。这对于读者掌握知识要点且从整体联系上把握智能制造无疑是非常重要的。

本系列教材的编著者多为中青年教授,教材内容体现了他们对前沿技术的敏感和在一线的研发实践的经验。无论在与部分作者交流讨论的过程中,还是通过对部分文稿的浏览,笔者都感受到他们较好的理论功底和工程能力。感谢他们对这套系列教材的贡献。

衷心感谢机械教指委和清华大学出版社对此系列教材编写工作的组织和指导。感谢庄红权先生和张秋玲女士,他们卓越的组织能力、在教材出版方面的经验、对智能制造的敏锐性是这套系列教材得以顺利出版的最重要因素。

希望本系列教材在推进智能制造的过程中能够发挥"系列"的作用!

2021 年 1 月

制造业是立国之本，是打造国家竞争能力和竞争优势的主要支撑，历来受到各国政府的高度重视。而新一代人工智能与先进制造深度融合形成的智能制造技术，正在成为新一轮工业革命的核心驱动力。为抢占国际竞争的制高点，在全球产业链和价值链中占据有利位置，世界各国纷纷将智能制造的发展上升为国家战略，全球新一轮工业升级和竞争就此拉开序幕。

近年来，美国、德国、日本等制造强国纷纷提出新的国家制造业发展计划。无论是美国的"工业互联网"、德国的"工业4.0"，还是日本的"智能制造系统"，都是根据各自国情为本国工业制定的系统性规划。作为世界制造大国，我国也把智能制造作为推进制造强国战略的主攻方向，并于2015年发布了《中国制造2025》。《中国制造2025》是我国全面推进建设制造强国的引领性文件，也是我国实施制造强国战略的第一个十年的行动纲领。推进建设制造强国，加快发展先进制造业，促进产业迈向全球价值链中高端，培育若干世界级先进制造业集群，已经成为全国上下的广泛共识。可以预见，随着智能制造在全球范围内的孕育兴起，全球产业分工格局将受到新的洗礼和重塑，中国制造业也将迎来千载难逢的历史性机遇。

无论是开拓智能制造领域的科技创新，还是推动智能制造产业的持续发展，都需要高素质人才作为保障，创新人才是支撑智能制造技术发展的第一资源。高等工程教育如何在这场技术变革乃至工业革命中履行新的使命和担当，为我国制造企业转型升级培养一大批高素质专门人才，是摆在我们面前的一项重大任务和课题。我们高兴地看到，我国智能制造工程人才培养日益受到高度重视，各高校都纷纷把智能制造工程教育作为制造工程乃至机械工程教育创新发展的突破口，全面更新教育教学观念，深化知识体系和教学内容改革，推动教学方法创新，我国智能制造工程教育正在步入一个新的发展时期。

当今世界正处于以数字化、网络化、智能化为主要特征的第四次工业革命的起点，正面临百年未有之大变局。工程教育需要适应科技、产业和社会快速发展的步伐，需要有新的思维、理解和变革。新一代智能技术的发展和全球产业分工合作的新变化，必将影响几乎所有学科领域的研究工作、技术解决方案和模式创新。人工智能与学科专业的深度融合、跨学科网络以及合作模式的扁平化，甚至可能会消除某些工程领域学科专业的划分。科学、技术、经济和社会文化的深度交融，使人们可以充分使用便捷的软件、工具、设备和系统,彻底改变或颠覆设计、制造、销售、服务和消费方式。因此,工程教育特别是机械工程教育应当更加具有前瞻性、创新性、开放性和多样性,应当更加注重与世界、社会和产业的联系,为服务我国新的"两步走"宏伟愿景做出更大贡献,为实现联合国可持续发展目标发挥关键性引领作用。

需要指出的是,关于智能制造工程人才培养模式和知识体系,社会和学界存在多种看法,许多高校都在进行积极探索,最终的共识将会在改革实践中逐步形成。我们认为,智能制造的主体是制造,赋能是靠智能,要借助数字化、网络化和智能化的力量,通过制造这一载体把物质转化成具有特定形态的产品(或服务),关键在于智能技术与制造技术的深度融合。正如李培根院士在丛书序1中所强调的,对于智能制造而言,"无论是互联网、物联网、大数据、人工智能,还是数字经济、数字社会,都应该落脚在制造上"。

经过前期大量的准备工作,经李培根院士倡议,教育部高等学校机械类专业教学指导委员会(以下简称"机械教指委")课程建设与师资培训工作组联合清华大学出版社,策划和组织了这套面向智能制造工程教育及其他相关领域人才培养的本科教材。由李培根院士和雒建斌院士、部分机械教指委委员及主干教材主编,组成了智能制造系列教材编审委员会,协同推进系列教材的编写。

考虑到智能制造技术的特点、学科专业特色以及不同类别高校的培养需求,本套教材开创性地构建了一个"柔性"培养框架:在顶层架构上,采用"主干教材+模块单元教材"的方式,既强调了智能制造工程人才必须掌握的核心内容(以主干教材的形式呈现),又给不同高校最大程度的灵活选用空间(不同模块教材可以组合);在内容安排上,注重培养学生有关智能制造的理念、能力和思维方式,不局限于技术细节的讲述和理论知识的推导;在出版形式上,采用"纸质内容+数字内容"的方式,"数字内容"通过纸质图书中列出的二维码予以链接,扩充和强化纸质图书中的内容,给读者提供更多的知识和选择。同时,在机械教指委课程建设与师资培训工作组的指导下,本系列书编审委员会具体实施了新工科研究与实践项目,梳理了智能制造方向的知识体系和课程设计,作为规划设计整套系列教材的基础。

本系列教材凝聚了李培根院士、雒建斌院士以及所有作者的心血和智慧,是我国智能制造工程本科教育知识体系的一次系统梳理和全面总结,我谨代表机械教指委向他们致以崇高的敬意!

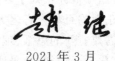

2021 年 3 月

随着物联网、大数据和云计算等技术的快速发展,计算和数据处理的需求不断增加。边缘计算作为一种新兴的计算范式,将计算和数据处理任务从云端移到网络边缘,以满足低延迟、高可用性和数据安全性等的需求。在这一背景下,《边缘计算及应用》应运而生。

本书的目标读者主要包括计算机科学与工程领域的学生、教师、研究人员和从业者。本书旨在使读者全面了解边缘计算领域,包括基本概念、架构、关键技术、应用场景及与其他前沿技术的结合。为了使本书具有实用价值,我们在各章节中穿插了丰富的案例分析,展示了边缘计算在智慧城市、智能家居、智能交通、智慧医疗等多个领域的实际应用。希望本书能够帮助读者深入理解边缘计算的原理和实际价值,激发读者在边缘计算领域的研究兴趣和创新思维。

在撰写本书的过程中,我们不仅全面阐述了边缘计算的理论知识,还关注了实际操作和技术实现,力求在理论与实践之间找到平衡,让读者能够在掌握基本概念的同时,了解如何将边缘计算应用于实际中。我们还关注了边缘计算在未来发展中可能面临的挑战和趋势,以帮助读者把握边缘计算领域的发展脉络。

本书共分为8章,具体结构如下:

第1章为边缘计算综述,主要介绍边缘计算的兴起、架构、基本特征和关键技术概述。

第2章为边缘计算的应用场景,主要探讨边缘计算在智慧城市、智能家居、智能交通和智慧医疗等领域的应用。

第3章为边缘计算卸载,主要讲述边缘计算卸载的概念、步骤、策略和具体案例。

第4章为边缘计算相关网络,主要介绍通信网络、物联网、边缘计算网络概述、关键技术和应用场景。

第5章为边缘计算资源管理,主要涵盖边缘计算资源管理概述、计算资源管理、网络资源管理和具体案例。

第6章为边缘计算安全与隐私保护,主要分析边缘计算系统的安全问题、威胁因子,以及安全机制和隐私保护方法在实际中的运用。

第7章为边缘计算与大数据,主要探讨大数据概述、边缘计算与大数据处理、边缘云协同与大数据,以及边缘计算大数据处理应用场景。

第8章为边缘计算与其他前沿技术,主要分析边缘计算与区块链、机器学习、新一代网络关键技术、节能环保、元宇宙和智能服务的关系与整合。

在撰写本书的过程中,许多专家和同行提出了宝贵意见和建议,在此对他们的支持和帮助表示衷心感谢。同时,我们也期待读者提出宝贵意见和建议,以便不断改进和完善。

希望本书能为您在边缘计算领域的学习和实践提供有益的指导,祝愿您在边缘计算的探索和应用中取得成功!

编　者

2023 年 5 月

目　录

CONTENTS

第1章

边缘计算综述

随着智能设备的快速普及和物联网技术的迅猛发展,许多新兴应用(如虚拟现实、元宇宙、超高清视频和自动驾驶)对网络算力提出了越来越高的要求。为了向用户提供高质量的计算服务,研究者们对传统的云计算模式进行了拓展,提出了边缘计算的概念。本章将对边缘计算进行概述,内容包括边缘计算的兴起、边缘计算的定义、边缘计算框架及边缘计算的发展现状。

1.1 边缘计算的兴起

1.1.1 时代背景

随着智能社会的发展和人们对算力需求的不断提高,智能化已经渗透社会各个行业和人们的日常生活。边缘设备已经延伸到社会的各个方面,如智能家居、智慧汽车、智能摄像头、智能机器人、智能穿戴设备等。据思科(中国)有限公司估计,到 2025 年,物联网设备的数量可能超过 750 亿台,这些设备产生的数据量是 2020 年产生的数据量(即 310 亿)的 2.5 倍[1],根据国际数据中心预测,全球网络数据流量将从 2018 年的 33 泽字节(zetta byte,ZB)增长到 2025 年的 175 泽字节。对上述数据进行处理势必需要消耗大量算力,然而,受限于设备自身体积和制造成本,现有的移动终端难以提供令人满意的计算和存储服务。因此,移动设备有限的算力已经成为制约工业智能、医疗保健及自动驾驶等新兴应用落地的瓶颈之一。

此外,各式各样的物联网设备配备了先进但是异质性的传感器,用以满足各种对时延和服务质量敏感的物联网应用,如虚拟现实、超高清视频和无人驾驶车辆(UAV)等。管理这些海量、异质、分布式的物联网设备,并以特定的性能提供服务,需要具有高可用性和弹性的基础设施[2]。传统的云基础设施无法满足需求,在这样的背景下,边缘计算应运而生。边缘计算作为新的计算架构,将云计算服务下沉到更接近数据源的地方,从而降低了时延和带宽成本,并提高了云计算的弹性和可用性。

1.1.2　发展动机

边缘终端将产生越来越多的数据,因此,提升网络边缘设备的算力能在很大程度上提高数据处理效率。本节总结了关于推动边缘计算发展的重要动机。

(1)**云服务推动**。传统云计算中的计算任务都放在云端,边缘设备将数据统一发送到云端处理后,云端将数据处理的结果回传到边缘设备侧[3]。然而,随着边缘设备产生的数据量不断增长,网络带宽成为云计算模式发展的一大瓶颈。将所有数据发送到云端进行处理不仅会极大地延长业务处理时间,还会对当前网络带宽的可靠性带来挑战。反之,在边缘侧处理数据不仅可以确保较少的业务时延,减少网络拥塞,还能更好地保护用户数据隐私。

(2)**物联网拉动**。在不久的将来,越来越多的电子设备将被纳入物联网。边缘设备的数量将超过数百亿,边缘侧产生的海量数据如果采用传统云计算架构来处理,将会对网络传输造成极大的压力[4]。而且这些庞大规模的物联网数据很多没必要进入云端,可直接在网络边缘侧处理。因此,云计算架构无法有效应对物联网的海量数据处理和业务响应需求。首先,云计算处理边缘侧的海量数据必然占用大量传输带宽,容易造成网络拥塞。其次,将边缘数据上传至云端,容易造成数据隐私泄露的风险。最后,边缘设备由于硬件条件有限,大多数物联网终端节点有能源约束,海量数据上传会消耗大量能耗,因此,将一些计算任务下沉到边缘侧将在一定程度上降低数据传输所需要的能耗。

(3)**从数据消费者到生产者的转变**。边缘侧前端设备通常在云计算模式中充当数据消费者,如用智能手机观看在线视频。但是,随着智能化应用越来越广泛,这些前端设备也开始逐渐扮演数据生产者。从数据消费者转换为数据生产者需要更多外围服务的支持。例如,很多应用允许用户拍照或录制视频,然后通过云服务分享数据,如微博、微信和短视频。然而,传统云计算模式直接上传大分辨率图片或视频片段会占用大量带宽,更合理有效的方法是在边缘设备上传云端前将视频片段调整到合适的分辨率,或者是在本地直接处理。并且,由于边缘设备所收集的数据往往是私有数据,在边缘侧处理数据而不上传到云端可以更好地保护用户隐私[5]。

(4)**去中心化的云计算和低时延计算**。集中式云计算并不是地理分布式应用的理想策略。为了提高服务质量,越来越多的应用程序供应商将数据处理下沉到靠近数据源的边缘节点上进行[6]。边缘设备产生海量数据流,在远程的云端处理会影响实时决策的时效性。在实时应用中使用目前的云基础设施会导致边缘设备和云之间出现严重的时延问题,这不符合对时延敏感应用的要求。海量数据同时涌向远程云端极有可能造成网络拥塞,从而影响用户满意度。同样地,多媒体应用也面临类似的时延问题。在这种情况下,将数据处理下沉到靠近用户的边缘节点可以最大限度地减少网络时延。

(5) **边缘设备硬件限制的解除**。与传统云服务器计算和存储资源相比,边缘设备的硬件资源受到一定程度的限制。边缘设备主要分为两种类型:由人携带的设备和放置在环境中的其他设备。这两类边缘设备的主要作用是通过捕捉文本、音频、视频、触摸或运动等形式的感官输入来获得实时数据,然后由云服务来处理传输的数据[7]。然而,这些设备由于其硬件限制,无法进行复杂的分析。因此,数据往往需要被传输到云端,以满足计算处理要求,并将数据处理结果回传到边缘设备。然而,随着边缘设备计算性能和存储性能的快速提升,更多的数据处理将转移到边缘侧,这种趋势已经日渐明显。

1.1.3 发展历程

云计算(如亚马逊云、谷歌云、阿里云、中国电信天翼云等)通过搭建远程云数据中心(data center,DC)来扩展网络计算、存储和管理能力。云计算的数据中心通常与网络设备相距较远,从而导致网络的时延性能差,且云计算的集中式处理机制会使网络存在单点故障隐患,并且不具备位置感知能力。为满足智能手机、平板计算机、工业机器人等物联网移动设备日益增长的计算密集型应用需求,移动云计算将移动设备与云计算进行整合,其中移动设备通过无线网络按照即付即用的方式,使用云服务提供商的计算和存储等服务,能够缓解移动设备计算能力不足和存储容量有限等问题。然而,移动云计算仍存在由远程集中式数据中心导致的传输时延较长、核心网负载压力较大及回程链路阻塞等问题,无法满足物联网移动设备的低时延应用需求。

边缘计算通过将云计算服务下沉至靠近移动设备的网络边缘侧,解决传统集中式云计算存在的长传输时延问题,并提升数据处理的可靠性和安全性。边缘计算主要分为三种模式:微云、雾计算和移动边缘计算。下面分别加以介绍。

1)微云

2009 年,卡内基梅隆大学的 Mahadev Satyanarayanan 提出了微云的概念[8],与传统的云计算中心组成了"设备-微云-云计算"三层网络架构。微云作为中间层的边缘计算节点,通过将云计算服务下沉至网络边缘侧,能够为火车站、购物中心等热点区域的移动设备提供计算和存储服务。此外,移动设备主要通过 Wi-Fi 连接至微云,并将其计算任务卸载至微云的虚拟机(virtual machine,VM)执行处理。基于 Wi-Fi 的接入方式对设备的移动性支撑较差,存在 Wi-Fi 网络与蜂窝网络间的切换问题,难以保证移动应用的服务质量(quality of service,QoS)需求。

2)雾计算

2012 年,思科公司将雾计算定义为一种支持垂直行业应用的系统级水平架构[9],即将数据的计算与存储等功能下沉至数据源与云端间的边缘节点(即雾节点),能够缓解传输至云端进行分析处理导致的负载压力大及时延较高等问题。雾计算中的雾节点可放置的设备比较灵活,可以是交换机、路由器、基站、移动终端等具备计算处理和存储能力的网络设备。雾计算具有分布式计算与存储能力,可以与云计算形成优势互补,如雾计算处理时延敏感的计算任务,云计算负责计算密集型的计算任务。

3）移动边缘计算

2014 年,欧洲电信标准协会(European Telecommunications Standards Institute,ETSI)提出移动边缘计算技术,即在蜂窝网络的无线接入网(radio access network,RAN)侧提供云计算能力和信息技术(information technology,IT)服务[10]。通过靠近网络终端的边缘服务器配置,移动边缘计算能够实现高带宽、低时延的无线接入和计算处理。将云计算的数据处理能力部分下沉到移动网络边缘侧的分布式计算方式能够缓解云计算的负载压力和回程阻塞[11]。移动边缘计算以移动蜂窝网络为部署方式,能够充分利用蜂窝网络的广泛覆盖特性,实现对物联网应用的有效支撑。

1.2　边缘计算架构与基本特征

1.2.1　边缘计算架构

根据 ETSI 的定义,边缘计算系统主要由终端和边缘服务器构成,其典型系统架构如图 1-1 所示。边缘计算架构是一种联合网络结构,通过在终端设备和云计算之间引入边缘设备,将云服务下沉到网络边缘。云-边缘协作的结构一般分为终端层、边缘层和云计算层。下面简单介绍一下边缘计算系统架构中各层的构成和功能。

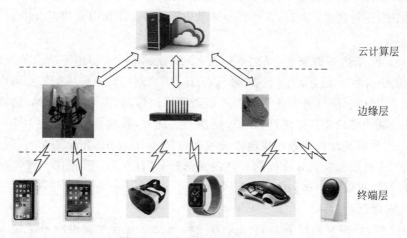

图 1-1　边缘计算系统架构示意图

1）终端层

终端层由连接到边缘网络的各类设备组成,包括移动终端和物联网设备(如传感器、智能手机、智能汽车、摄像头等）。在终端层,设备不仅是数据消费者,还是数据提供者。为了减少终端服务时延,只考虑各种终端设备的感知,不考虑计算能力。因此,数以亿计的终端层设备采集各类原始数据并上传到上层,在那里进行存储和计算。

2）边缘层

边缘层是三层架构的核心,位于网络的边缘,由广泛分布在终端设备和云之间的边缘节点组成。它通常包括基站、接入点、路由器、交换机、网关等。边缘层支持终端设备的向上接入,并存储和计算终端设备上传的数据。与云端连接,将处理后的数据上传到云端。由于边缘层离用户很近,所以数据传输到边缘层更适合实时数据分析和智能处理,比云计算更高效、安全。

3）云计算层

在云-边缘计算的联合服务中,云计算层仍然是最强大的数据处理中心。云计算层由一些高性能服务器和存储设备组成,具有强大的计算和存储能力,在需要大量数据分析的领域,如定期维护和商业决策支持,可以发挥良好的作用。云计算层不仅可以永久存储边缘层上报的数据,还可以完成边缘计算层无法处理的计算密集型任务和整合全局信息的处理任务。此外,云计算层还可以根据控制策略动态调整边缘计算层的部署策略和算法。

1.2.2　边缘计算的基本特征

由于离用户更近,边缘计算相比于传统云计算在很多方面具有天生的优势。边缘计算的基本特征主要体现为以下几个方面。

1）邻近性

边缘计算服务器的位置一般很靠近终端设备。近距离的通信不仅可以显著降低服务时延,还可以有效减少终端设备在数据传输过程中的能量消耗。另外,由于终端数据在本地处理,不需要上传到云计算中心,因此可以在很大程度上缓解核心传输网络的拥塞。

2）隐私保护

边缘计算中的本地化处理策略和分布式部署特性可以有效降低远程数据传输和数据集中化处理导致的隐私泄露风险。不仅如此,用户端还可以根据安全性的要求,对任务的卸载策略进行更加精细化的调整,从而保护自身隐私不被泄露[12]。

3）鲁棒性

边缘计算中的本地化处理使得边缘服务器和与之关联的用户形成一个相对独立的子系统。当一个边缘服务器或者某个区域的通信网络出现故障时,其他边缘服务器仍然能够正常工作。和数据中心的单点故障风险相比,边缘计算具有更高的鲁棒性。

4) 位置和上下文感知

边缘服务器利用采集到的无线网络信号,能够快速获取用户的有关信息,包括用户数量、用户位置、无线网络环境、设备使用情况及资源利用率等,基于上述实时且精确的信息,服务提供商和各类应用可以为用户提供差异化的定制服务,以提升用户满意度并增加自身营收。

1.3　边缘计算关键技术概述

边缘计算的关键技术主要包括不同层次的计算卸载、网络控制、资源管理、安全与隐私保护等。本节只对这些关键技术做简要概述,后续的章节会对每项关键技术做详细介绍和说明。

1.3.1　计算卸载

计算卸载指的是资源受限的设备,将计算密集型任务从终端设备部分或全部迁移到资源丰富的基础设施,以解决移动设备在存储性能、计算性能和能源效率方面的不足。计算卸载技术不仅可以减轻核心网络传输的压力,还可以减少由于数据远距离传输所引起的业务处理时延。移动边缘计算可以在用户设备(user equipment,UE)上运行新的复杂应用,而计算卸载是其中的关键技术。

1.3.2　网络控制

网络功能虚拟化(network function virtualization,NFV)、软件定义网络(software defined network,SDN)和网络切片是推动移动边缘计算网络构建与部署的关键技术。NFV是指通过虚拟化技术以软件方式配置网络功能,NFV能够部署在通用硬件设备上而无须专用定制。将NFV技术应用至移动边缘计算支撑的物联网中,能够达到根据物联网应用需求动态调整网络资源的目的,以灵活的方式提升移动边缘计算网络对物联网多样化应用需求的支持。SDN主要以软件方式设计可编程网络控制器,并将控制面和数据面分离。逻辑集中式的SDN控制器能够实现灵活低时延的网络控制与管理。SDN与NFV能够以软件模块实现网络功能可编程部署,并简化网络的配置、控制与处理,通过与移动边缘计算网络相结合,实现以较低的成本支撑物联网的多种应用需求,以及推动边缘计算网络的部署与控制。

1.3.3　资源管理

在完成卸载决策后,我们必须考虑合理的资源分配问题,也就是在哪里卸载。如果UE的计算任务是不可分割的,或者可分割但分割的部分是强相关的,在这种情况下,需要将卸载任务卸载到同一个边缘服务器上;而对于可以分割但分割部分不相关的计算任务,可以卸载到多个 MEC 服务器上。目前,资源分配节点主要分为单节点分配和多节点分配。

1.3.4　安全与隐私保护

边缘计算的安全性是研究的热点之一。网络边缘数据涉及个人隐私。虽然附近数据处理的概念也为数据安全和隐私保护提供了更好的结构化支持,但边缘计算的分布式架构增加了攻击载体的维度。由于传统的数据及网络安全保护系统目前还未普及到边缘设备,目前的状况是边缘设备越智能,越容易受到恶意软件的感染和安全漏洞的影响。可见,现有的数据安全保护方法并不完全适用于边缘计算系统架构。此外,网络边缘的高度动态环境也使网络更加脆弱,难以保护。

1.4　边缘计算的发展现状

近年来,边缘计算作为产业数字化转型的核心技术,已经成为全球各国的发展共识,从政策引导、标准研制、应用示范等多个维度进行统筹部署和协同推进,国际竞争日趋激烈。

发达国家主要从三方面积极营造边缘计算发展环境:一是强化技术标准引领,美国国家科学基金会和美国国家标准局将边缘计算列入项目申请指南,持续推进其关键技术研究[13],ITU-T SG20、IEC/ISO JTC1 SC41、IEEE 均成立了边缘计算研究小组,以推动边缘计算标准化工作[14]。二是加大产业投资力度,欧盟 *Networld 2020* 将边缘计算作为重要研究部分列入其中,预计到 2026 年年底,欧盟在边缘计算领域的投资支出将达到 1850 亿美元[15]。三是加强应用示范引导,日本成立 EdgeCross 协会,推动边缘计算在垂直行业落地,韩国目前已经在 8 个主要城市部署边缘计算节点,在 VR/AR、车联网、无人机与安防监控等场景进行应用试点。通过这些实际应用的示范,日韩希望引导更多的企业部署和应用边缘计算技术。

我国高度重视边缘计算的发展,主要聚焦三个维度:一是强化技术供给,工信部发布《关于推动工业互联网加快发展的通知》《工业互联网网络建设及推广指南》《国家车联网产业标准体系建设指南》等文件,推动建立统一、综合、开放的工业互联网边缘计算标准体系,鼓励相关单位在边缘计算领域进行技术攻关,加速产品研发与产业化。目前,我国边缘计算标准体系初步建立,中国通信标准化协会(CCSA)已经针对边缘计算开展了体系化的标准研究工作,形成在研标准近 30 项。二是加强融合应用,国务院、工信部及各地方政府均出台了相关政策,大力促进边缘计算等新兴前沿技术在工业互联网、车联网等垂直领域中的应用研究与探索,形成了一批可复制的应用模式,在全国范围内推广。目前,边缘计算在工业、农业、交通、物流等领域的试点部署日益广泛并已取得明显的效益。三是打造产业生态,工业互联网产业联盟、边缘计算产业联盟、中国通信学会边缘计算委员会等平台的产业汇聚和支撑作用显著发挥。2020年,中国信息通信研究院联合产业各方成立边缘计算创新实验室,旨在打造"产学研用"相结合的技术产业开放平台及推动边缘计算发展的创新载体。同时,针对边缘计算发展存在产业碎片化及供给侧研发方向不明确等问题,工业互联网产业联盟启动我国首个边缘计算产业促进项目"边缘计算标准件计划",加速边缘计算产品形态整合归类及功能规范化。

目前,各国边缘计算发展态势较为均衡,全球边缘计算仍处于发展初期。美、日发达国家和跨国巨头依托其云计算技术的既有优势积极布局边缘计算发展,试图引导全球产业链的技术、标准、应用模式。我国加强研究布局、积极构筑边缘计算自主技术产业生态,避免形成新的路径依赖。

1.5　本章小结

本章首先介绍了边缘计算发展的时代背景及发展动机,分别从云服务、物联网及数据消费者向生产者的转变等角度描述,并介绍了边缘计算发展的历程,帮助读者更好地理解边缘计算的产生及其演变过程。接着介绍边缘计算的架构和基本特征及其中使用到的关键技术描述,并在最后对边缘计算的发展现状进行简单概述。

思考题

1.1　简述边缘计算的发展历程。

1.2　简述边缘计算的架构。

1.3　简述边缘计算的基本特征。

1.4　简述边缘计算的关键技术。

练习题

请尝试描述边缘计算和元宇宙、深度学习的深度结合场景。

第 2 章

边缘计算的应用场景

本章对边缘计算常见的几个应用场景进行简要介绍,包括智慧城市、智能家居、智能交通、智慧医疗和工业互联网。

2.1 智慧城市

智慧城市(smart city)起源于传媒领域,是指在城市规划、设计、建设、管理与运营等领域中,通过物联网、云计算、大数据、空间地理信息集成等智能计算技术的应用,使城市管理、教育、医疗、房地产、交通运输、公用事业和公众安全等组成城市的关键基础设施组件和服务互联、高效和智能,从而为市民提供更加美好的生活和工作服务,为企业创造更有利的商业发展环境,为政府赋能更高效的运营与管理机制。当前智慧城市正处于实现智能化的道路上,其演进阶段是信息化、数字化、智能化,国内外各大城市也在积极发展,同时,这也是高级别城市的目标。

智慧城市的特点就是数据的全面感知,通过信息化和数字化把城市的大部分数据进行关联、分析,进而实现决策的智能化、科学化。随着边缘计算的实施,分布于各地的传感器和智能设备不必再将数据上传至"城市大脑"云计算中心来处理,而是就近通过边缘计算节点进行预处理、分析、联合控制、告警,及时对数据做出反馈,这样可以与"城市大脑"实现轻量级解耦。即使云计算中心出现异常故障,各个子系统也能实现一定程度的自治,将有效缓解"城市大脑"计算、存储等方面的压力。因此,在智慧城市中,物联网传感器、网络、视频监控等智能系统可以使用边缘计算来提供更快的响应和更安全的城市智能应用。

2.2 智能家居

智能家居(smart home)是以住宅为平台,利用综合布线技术、网络通信技术、安全防范技术、自动控制技术、音视频技术将与家居生活有关的设施集成,构建高效的住宅设施与家庭日程事务管理系统,提升家居的安全性、便利性、舒适性、艺术性,并实现环保节能的居住环境。物联网的发展使家庭环境变得更加智能,几乎所有的智能家居都可以接入物联网,市场上也出现了越来越多的智能家居,如扫地机器人、智能灯光、智能门窗等。在云计算主导的时代,家居所感知产生的数据主要是通过无线网络发送到云数据中心,一些计算密集型任务由云端统一进行处理。而随着边缘计算的发展,家居终端本身就拥有一定的计算能力,家居产生的带有隐私的数据不需要传输到云端而在家庭范围内即可完成处理,使得家居更加智能和安全。

边缘计算逐渐被引入智能家居系统中,用以解决设备管理问题。首先,针对多种异构设备进行统一命名及接口接入云端管理,为智能家居控制程序的开发提供完备的抽象;其次,将智能设备的实时请求发送到就近的边缘节点,边缘节点迅速响应数据处理请求,动态规划智能设备的运行策略。当种类繁多、功能细分的智能设备通过网络进行连接和控制时,便出现了以智能家庭网关为核心的计算节点,作为边缘节点,可以实现边缘自治,并脱离了云端联合智能设备,能够保证家庭数据安全,提高家庭智能设备管理的效率。因此,基于边缘计算的智能家居成为未来发展的趋势。

2.3　智能交通

智能交通系统(intelligent traffic system,ITS)又称智能运输系统(intelligent transportation system),是将先进的科学技术(信息技术、计算机技术、数据通信技术、传感器技术、电子控制技术、自动控制理论、运筹学、人工智能等)有效地综合运用于交通运输、服务控制和车辆制造,加强车辆、道路、使用者之间的联系,从而形成一种保障安全、提高效率、改善环境、节约能源的综合运输系统。ITS 是通过车联网实现的,由智能车辆、RSU、传感单元、环境监测系统、交通监测和监控系统等子系统组成,具有感知、分析、控制和通信能力[16]。

近年来,随着车联网和自动驾驶技术的飞速发展,车辆具有智能化和网络化的发展趋势。虽然现有的车辆和道路监测系统都配备了足量的传感器来获取交通信息,但是出于成本上的考虑,这些传感器的计算能力非常有限,因此这些采集到的信息往往只能用于简单的监控和预警,而无法进行更加深入的处理分析。为了解决这一问题,研究者们将车联网和边缘计算进行融合,提出了车载边缘计算(vehicular edge computing,VEC)的概念。通过在路边单元等基础设施上部署边缘服务器,VEC 可以为车辆提供高质量的计算服务,从而提升自动驾驶和辅助驾驶的性能。除此之外,VEC 还可以对收集到的实时交通信息进行汇总和处理,从而为车辆规划最优的出行路线。

2.4　智慧医疗

随着物联网技术在医疗系统中展开应用,云计算还可以从各种医疗传感器上收集大规模的医疗数据,并将集中的医疗数据进行科学化分析。然而,部分地方性法规禁止在医院外存储患者数据,因此直接将医疗数据传输到云服务器中心是不可行的。此外,一些应用程序不能完全依赖远程云中心,因为网络和数据中心故障会危及患者的人身安全。因此,边缘计算成为缩小医疗信息系统中传感器和云数据分析之间差距的一种可能的解决方案。

基于边缘计算的智慧医疗服务实现了对患者的远程监控,因为这不仅增加了患者的可访问性,提高了医疗质量、效率和可持续性,还降低了整体的医疗成本。而智慧医疗提供的远程监测将为护理人员节省时间,自动化监测将取代人工监测。医院内的流程也将得到改善,因为远程监控将实现资源的有效利用。此外,传感器将更容易获得关于当前健康状况、设备位置、护理人员和患者的正确信息。传感器还可以通过连续捕获数据并提供对广泛生物特征参数的深入了解,提供更准确的患者图像。医疗和诊断将发生革命性变化,数据不会在孤立的仓库中处理,它将与其他来源相结合、分析并形成报告。与此同时,医疗保健行业正在走向预防医学,通过边缘设备对用户进行持续、无边界监控,以使其保持健康状态,从而使得患者可以提前出院,并在家中进行监测。这意味着消除了医院、家庭和任何其他医疗设施之间的界限,使医疗成为一个持续的过程。

2.5　工业互联网

工业互联网(industrial internet)是新一代信息通信技术与工业经济深度融合的新型基础设施、应用模式和工业生态,通过对人、机、物、系统等的全面连接,构建起覆盖全产业链、全价值链的全新制造和服务体系,为工业乃至产业数字化、网络化、智能化发展提供了实现途径,是第四次工业革命的重要基石。工业互联网以网络为基础、平台为中枢、数据为要素、安全为保障,既是工业数字化、网络化、智能化转型的基础设施,也是互联网、大数据、人工智能与实体经济深度融合的应用模式,同时也是一种新业态、新产业,将重塑企业形态、供应链和产业链。当前,工业互联网融合应用向国民经济重点行业广泛拓展,形成了平台化设计、智能化制造、网络化协同、个性化定制、服务化延伸、数字化管理六大新模式,赋能、赋智、赋值作用不断显现,有力地促进了实体经济提质、增效、降本、绿色、安全发展。

工业互联网平台体系包括边缘层、IaaS、PaaS 和 SaaS 四个层级,相当于工业互联网的"操作系统",起到了四个主要作用:一是数据汇聚,即网络层面采集的多源、异构、海量数据传输至工业互联网平台,为深度分析和应用提供基础。二是建模分析,即提供大数据、人工智能分析的算法模型和物理、化学等各类仿真工具,结合数字孪生、工业智能等技术,对海量数据挖掘分析,实现数据驱动的科学决策和智能应用。三是知识复用,即将工业经验知识转化为平台上的模型库、知识库,并通过工业微服务组件方式,方便二次开发和重复调用,加速共性能力沉淀和普及。四是应用创新,即面向研发设计、设备管理、企业运营、资源调度等场景,提供各类工业 App、云化软件,帮助企业提质增效。

2.6　本章小结

　　本章介绍了边缘计算目前最前沿的几个应用场景,分别是智慧城市、智能家居、智能交通、智慧医疗和工业互联网。主要介绍了这些应用场景的定义和发展背景,并简要介绍这些应用如何将边缘计算应用其中。在后续的边缘计算关键技术章节中,还会对这些应用中具体使用的关键技术做详细介绍。

思考题

　　2.1　边缘计算的应用场景还有哪些?
　　2.2　为什么边缘计算的应用场景越来越广泛?

练习题

　　尝试说明在智能家居应用场景中,边缘计算可以帮助实现哪些有趣又实用的功能。

第3章

边缘计算卸载

本章讨论边缘计算的重要环节[17-23]——计算卸载。大多数计算卸载决策算法旨在满足应用程序对执行时延的要求,或降低用户终端的能耗,或找到这两个指标之间的权衡。有研究指出,将任务卸载到边缘服务器进行计算可以极大地降低终端能耗,同时显著减少任务的执行时延[24]。3.1 节概述了边缘计算卸载及其分类,3.2 节介绍了边缘计算卸载的步骤,3.3 节和 3.4 节分别介绍了完全卸载策略和部分卸载策略,3.5 节介绍了卸载案例。

3.1 边缘计算卸载概述

当前,云端集中处理的计算方式并不能满足海量数据传输和低时延业务的需求,在这种背景下,边缘计算应运而生。边缘计算将云端集中处理的能力下沉到网络边缘侧,为底层设备就近提供计算服务。当用户设备不能满足业务处理需求时,将数据存储、计算交给边缘节点处理,可以实现更短的时延响应。显然,边缘计算卸载技术在满足用户业务实时性需求方面,比传统云计算具有更好的应用前景。

计算卸载是边缘计算的一项关键技术,节省了用户终端能耗,或加快了计算过程。通常,计算卸载的关键问题是决定是否卸载。如果卸载,应卸载什么、卸载多少[25]。如图 3-1 所示,事实上,计算卸载决策可以分为:

(1) **不卸载(本地执行)**,即整个计算在终端本地完成。例如,由于边缘侧计算资源不可用,或者网络质量过低,或者如果卸载收益不高,则不进行卸载。

(2) **完全卸载**,即整个计算任务卸载到边缘服务器处理。

(3) **部分卸载**,即计算任务的一部分在本地处理,其余部分卸载到边缘服务器处理。

不同的应用场景对计算有着不同的需求,一些场景要求更低的计算时延,如无人驾驶应用场景;一些场景要求更低的终端能耗,如移动应用。在实际应用中,必须根据不同的业务需求选择对应的策略使边缘计算更好地服务于应用。一般终端需要包含代码分析器、系统分析器和决策引擎[23]。其中,代码分析器确定什么可

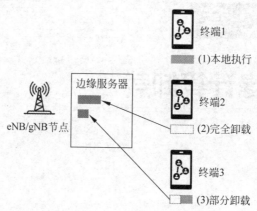

图 3-1   计算卸载决策的分类

以被卸载。然后,系统分析器负责监测各种参数,如可用带宽、要卸载的数据大小或本地执行应用程序所消耗的能量。最后,决策引擎决定是否进行卸载。

3.2   计算卸载的步骤

边缘计算的计算卸载主要包括卸载环境感知、任务分割、卸载决策、任务发送、任务计算、结果返回六个步骤[26],其中任务分割、卸载决策是最为核心的两个环节。

3.2.1   卸载环境感知

卸载环境感知是任务卸载的准备阶段,为后续过程提供参考信息。当用户终端的计算能力不满足当前业务需求而决定将任务卸载到边缘节点时,首先要感知当前网络中的卸载环境,包括边缘服务器(边缘节点)状态(虚拟机的可用数量、计算性能、负载情况)和无线网络质量等。这些感知信息决定了后续卸载策略的制定,而采集到的信息决定了后续的卸载决策过程。

3.2.2   任务分割

任务分割是通过分割算法将整个应用分成多个子任务,而在应用的分割过程中,需要明确该子任务是否可以被卸载。通常子任务可以被定义为不可卸载任务和可卸载任务两种。不可卸载任务是指必须在用户终端执行的任务,如用户交互任务、设备输入和输出任务、外围设备接口任务等。可卸载任务一般不需要与本地设备互动,通常是计算量较大的数据处理任务,适合卸载到边缘服务器上执行。任务分割后形成的子任务相互之间都有数据交互,可以单独执行,是下一步卸载决策过程的主体。

3.2.3　卸载决策

卸载决策环节是计算卸载过程中最重要的环节,主要功能是解决是否卸载、信道选择、设备功率等问题。这些问题的决策应参考第一步采集的迁移环境和第二步划分的子任务特征(任务计算量、任务输入和输出数据量等)。在进行具体决策时,考虑各种指标(任务执行能耗、任务完成时间、用户偏好等),采用卸载决策算法选择最佳的卸载决策。卸载决策算法在整个任务迁移过程中起着重要作用。

3.2.4　任务发送

当用户终端做出卸载决策后,便将计算任务发送到边缘服务器上执行。任务发送环节体现了边缘计算在任务卸载服务中的优异表现。传统的云计算提供任务卸载服务时,云服务器位于核心网络侧,用户上传的数据需要经过接入网和传输网链路的多跳,导致传输时延较高。在边缘计算环境中,用户将其计算任务提交给边缘服务器执行。边缘服务器不仅具有较强的计算和存储能力,还具有高带宽和低时延的优势。移动边缘计算还可以挂载在移动运营商的基站侧,让用户"随时随地"提交任务。

3.2.5　任务计算

边缘服务器使用定制虚拟机来执行计算任务。用户终端将计算任务卸载到边缘服务器后,服务器为该任务分配一台虚拟机,作为一个独立的应用程序来支持计算任务的执行。在虚拟机上执行任务的模式主要有:

(1)克隆云模式。虚拟机作为用户终端的完整镜像,其强大的计算能力和与终端相同的运行环境使得应用可以在终端和边缘侧分布式执行,只需要在输入/输出数据和运行状态之间进行传输,不需要传输程序代码,但这种模式对边缘服务器和终端之间的同步要求较高。

(2)动态任务执行模式。用户终端根据任务的计算量、数据量、资源需求等因素动态决定是否将整个任务的代码和输入数据上传至虚拟机执行。这时,虚拟机作为任务运行主机使用。

3.2.6　结果返回

计算结果的返回是任务卸载过程中的最后一步。在执行完提交的任务后,边缘服务器将计算结果通过网络发回终端使用。

3.3　完全卸载策略

完全卸载是将任务完全卸载到边缘服务器进行处理。计算卸载的目标之一是减少时延,这里不仅包括网络传输带来的网络时延,还包含应用计算消耗的时间(由于终端和边缘侧算力不同,导致卸载和不卸载的计算耗时产生差异)。针对移动边缘计算场景,还要考虑移动终端的电池续航问题。所以,我们将完全卸载决策的主要目标分为三类,分别是最小化执行时延、满足时延约束的最小化能耗、能耗和时延的权衡。

3.3.1　最小化执行时延

最小化执行时延策略是指对比本地执行和完全卸载所花费的时间,选择花费时间少的方式处理任务,旨在提升任务处理速度。

这里讨论的执行时延是一种预估情况,包括传输时间和任务处理时间的估计。其中传输时延受无线信道质量和信号干扰的影响。这里不讨论复杂网络的情况,仅考虑理想网络的状况。

定义终端本地执行(local execution)的执行时延为 D_1。在计算卸载(offloading)到边缘服务器的情况下,执行时延 D_o 包括三个部分:①卸载数据到边缘服务器的传输(transmission)持续时间 D_{ot};②边缘服务器的计算处理(processing)时间 D_{op};③从边缘服务器接收(reception)处理后的数据所花费的时间 D_{or}。可见, $D_o = D_{ot} + D_{op} + D_{or}$。最小化执行时延的决策方式通过比较 D_1 和 D_o 的大小来决定是否进行计算卸载,如图 3-2 所示。图中显示了基于执行时延的计算卸载决策的简单示例,终端 1 执行不卸载策略,因为本地执行时延显著低于完全卸载的预期执行时延(即 $D_1 > D_o$),终端 2 则相反。

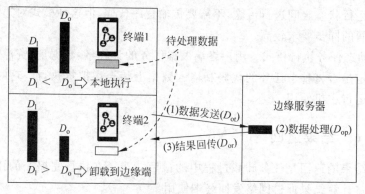

图 3-2　以最小化执行时延为目标的卸载决策示例

在边缘计算研究中,Liu 等[27]通过一维搜索算法实现了追求最小化执行时延的目标,该算法根据应用缓冲区排队状态、终端和边缘服务器的可用处理能力及终端和边缘服务器之间的网络质量找到最佳卸载决策策略。计算卸载决策本身通过计算卸载策略模块在终端处完成(见图 3-3)。该模块决定在每个时隙期间,是在本地还是在边缘处理缓冲区中的应用程序,以最小化执行时延。将该算法的性能与本地执行策略(计算始终在本地完成)、边缘执行策略(计算始终由边缘服务器执行)进行比较,仿真结果表明[27],所提出的优化策略能够减少 80%的执行时延(与本地执行策略相比),以及 44%的执行时延(与边缘执行策略相比)。该算法能够应对计算密集型的应用计算任务。

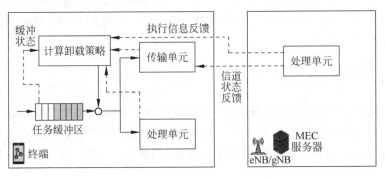

图 3-3　计算卸载决策

最小化执行时延策略的缺点是在卸载决策过程中没有考虑终端的能量消耗,忽略了一些电池容量受限的应用场景[28]。

3.3.2　最小化能耗

最小化能耗策略的思想:先预设一个时延约束阈值,在满足约束的情况下,预估并比较本地执行和完全卸载两种情况下的终端能耗,选择花费能量少的方式,以节省用户终端能耗。此策略适用于如移动设备等电池受限的应用场景。

估算本地执行和完全卸载的能耗(仅考虑用户终端)。本地执行能耗 E_1 为本地完成计算任务的能耗,完全卸载能耗 E_0 包括发送数据能耗和接收结果能耗。通过比较 E_1 和 E_0,选择能耗小的计算方式来节省终端能耗。

针对多终端情况,Barbarossa 等[29]提出了一种卸载决策策略,将所有终端划分为两组:第一组中的终端负责将计算卸载到边缘;第二组中的终端由于边缘服务器的计算资源不可用,计算必须在本地执行,终端根据需要处理的数据量将数据分类到组。当终端卸载计算之后,边缘服务节点将计算和通信资源分配给组内的终端。

3.3.3　能耗和时延的权衡

该策略是基于能耗和时延的综合权衡,卸载决策不是固定方案,而是根据应用场景,设计符合应用需求的方案。

Chen 等[30]提出了多用户、多信道环境下的计算卸载决策,考虑了终端的能耗和时延之间的权衡。该卸载决策通过权重参数进行决策,主要考虑两个方面:①根据权重参数选择终端是否应该执行卸载;②在计算卸载的情况下,选择最合适的无线信道用于数据传输。

3.4　部分卸载策略

本节分析了部分卸载的可行性,并介绍了部分卸载的处理情况;对部分卸载工作进行分类,重点是在满足时延约束的情况下最小化终端处的能耗,以及在能耗和时延之间进行权衡。

3.4.1　部分卸载可行性

计算卸载,特别是部分卸载,是一个受不同因素影响的复杂过程,这些因素包含用户偏好、网络连接质量、终端计算能力、边缘服务器计算能力和可用性[31]等。计算卸载中的应用程序模型决定了是否卸载、卸载什么及如何卸载。可以根据以下几个标准对部分卸载进行分类:

(1) **应用程序的可卸载性**,支持代码(数据)分区和并行化的应用程序(即可能部分卸载的应用程序),可以分为两种类型。

第一种类型的应用程序,可以完全分为 N 个可卸载部分,这些部分可以被卸载[见图 3-4(a)]。由于每个可卸载部件的数据量和所需计算量可能不同,因此需要决定将哪部分卸载到边缘服务器。在图 3-4(a)给出的示例中,第 1、2、3、6 部分和第 9 部分在本地处理,而其余部分卸载到边缘。注意,在极端情况下,如果终端没有处理任何部分,则这种类型的应用可能会完全卸载到边缘。

图 3-4　计算卸载决策的可能情况

第二种类型的应用程序由一些不可卸载部分(如需要在终端执行的用户输入、唤起摄像头或获取位置[32])和 M 个可卸载部分组成。在图 3-4(b)中,终端 2 处理整个不可卸载部分及第 2、6 部分和第 7 部分,同时将应用的其余部分卸载到边缘。

(2) **待处理的数据量**,可以根据要处理的数据量对应用程序进行分类。

① 对于第一类应用程序(如通过人脸检测、病毒扫描等),要处理的数据量是预先知道的,所以可以根据待处理数据量的大小进行决策。

② 对于第二类应用程序,不可能估计要处理的数据量,因为它们是连续执行应用程序,并且无法预测它们将运行多长时间(如在线交互式应用)[33]。显然,对于连续执行的应用程序,根据待处理数据量大小进行决策的方式并不合适。

(3) **可卸载部分的依赖性**,应用程序各部分计算工作之间可以相互独立,也可以相互依赖。在相互独立的情况下,所有部分可以同时卸载并且并行处理。但是,在相互依赖的情况下,平行卸载可能不适用。如图 3-5 所示,整个应用分为不可卸载部分(图中的第 1、4 部分和第 6 部分)和可卸载部分(图中的第 2、3 部分和第 5 部分)。在给定的示例中,第 2 部分和第 3 部分只能在执行第 1 部分后卸载,而第 5 部分可以在执行第 1 部分至第 4 部分后卸载。

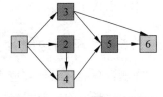

　■ 不可卸载部分;　■ 可卸载部分

图 3-5　可卸载组件的依赖性

3.4.2　最小化能耗

本节主要讨论在满足时延要求的情况下,使能耗最小化,其思想与 3.3.2 节类似。如图 3-4(b)所示,研究人员认为该应用分为不可卸载部件和可卸载部件。针对部分卸载,该策略的主要目标是确定哪些可卸载部件应卸载到边缘端。

为了得到问题的最优解,一般应用组合优化法来解决这个问题。其基本思想是将问题分为几个子问题,先解决子问题,然后从这些子问题的解决方案中得到原始问题的解决方案。首先是整体问题转化为多个子问题,每个子问题对应为每个部件是否执行卸载。然后通过组合各个子问题形成多个预估方案,挑选其中的最优解。

研究人员提出了一种基于组合优化方法的优化自适应算法[34],通过构建数学模型自适应选择部件是否卸载。实验表明,其能够实现 48% 的节能,但该优化算法复杂度为 $O(2^N)$。为了降低优化算法的复杂度,该研究中还提出了一种次优算法来降低复杂度到 $O(N)$。实验表明,次优算法的节能效果接近最优算法,在低复杂度的情况下降低了大量能耗。

3.4.3　能耗和时延的权衡

与 3.3.3 节类似,不同场景下,计算任务对于能耗和时延有着不同的要求。一些场景要求在这两项指标中进行权衡,但这种权衡不是一种固定方案,而是需要对应用需求制定个性化权衡方案。

研究工作[35]对部分卸载决策的能耗和执行时延之间的权衡进行了分析。卸载决策应考虑以下参数:①要处理的数据量;②终端和边缘服务器的计算能力;③终端和边缘服务器之间的网络质量;④终端的能量消耗。通过对通信和计算资源分配的联合优化,在边缘服务器算力充足的情况下,卸载策略如下:①如果通信质量较低,则不执行卸载。在这种情况下,优先在终端本地处理整个应用。②如果通信质量中等的情况下,则计算的一部分被卸载到边缘,因为这会节省能源。③如果通信质量高,则优先完全卸载。

3.5 具体案例

本节引入车辆边缘计算与智慧社区两个案例对边缘计算卸载加以说明。

3.5.1 车辆边缘计算环境下任务卸载

车辆设备的有限计算能力面临着计算密集和时延敏感型车辆应用的严峻挑战。传统云平台的任务卸载存在较大的传输时延,而移动边缘计算则专注于将计算资源转移到网络边缘,为移动设备提供高性能、低时延的服务,因此成为处理计算密集和时延敏感型任务的有效方法。此外,城市地区拥有大量智能网联车辆,充分利用闲置的车辆计算资源可以贡献巨大的资源和价值。因此,在车联网场景下,车辆边缘计算作为一种新的计算模式应运而生。近年来,智能网联车辆数量的增长和新兴车辆应用的出现推动了车辆边缘计算环境下任务卸载的研究和应用。

车辆边缘计算[36]根据不同优化目标选择卸载模型,并使用适当的方法使目标最优(较优)。接下来讨论在车辆边缘计算环境中,计算任务卸载的主要优化目标:

1) 最小化卸载时延

计算任务卸载决策通常分为本地执行、部分卸载和全部卸载三种。本地执行是在车辆本地进行全部计算任务,不需要进行计算卸载,所需时间为任务在本地运行的时间;部分卸载是将计算任务部分在本地执行,另一部分通过计算迁移的方式卸载到其他资源更加充足的地方执行;全部卸载则是将车辆产生的计算任务全部卸载,不在本地执行。部分卸载和全部卸载所需时间包括三部分:计算任务通过网络传输到边缘的传输时间、边缘执行任务的时间和将计算结果返回车辆的时间。随着智能车辆的发展,像视频流处理、增强现实等应用已经在车辆中普及,这些应用具有数据密集和时延敏感的特点。但由于本地计算能力有限,硬件升级成本又太高,如果任务计算时延太高,则会影响应用的服务质量。因此,任务卸载是减少任务处理时延的一种可行手段。如何降低在车辆应用程序中任务卸载的处理时延是车辆边缘计算卸载领域的主要研究内容之一。卸载时延通过具体的卸载策略和资源分配策略来确定,在该策略下可使计算任务处理时延最小化,从而提升应用的服务质量。

2) 最小化能源消耗

移动设备的能耗通常是移动边缘计算中经常考虑的问题,主要包括两种:执行能耗和传输能耗。计算任务本地执行消耗的能量只有本地处理器处理任务的执行能耗;而通过卸载消耗的能量则包含将计算任务通过网络传输到服务提供者的传输能耗及车辆接收来自服务提供者返回结果消耗的传输能耗。卸载能耗通常不包括边缘处理任务的执行能耗,车辆可以通过付费的方式使用计算和存储资源,因此不必考虑服务提供者的能耗。目前一些研究认为,和车辆运行消耗的能量相比,用于计算和传输消耗的能量很少,甚至可以忽略不计。但是随着电动汽车的发展与普及,车辆的动力将更多地由电池提供,在车辆执行大量高复杂度的计算任务时会消耗大量能量,这对电动汽车的续航问题提出了巨大的挑战。因此以节能为优化目标是未来车辆边缘计算任务卸载中的一大热点。

3) 应用结果质量

超低响应时间对于目标检测和图像处理算法至关重要,这些算法广泛应用于增强现实和虚拟现实中。使用高质量的原始数据进行计算会得到更精确、完美的计算结果,但是高质量的数据会带来更高的传输和执行开销,从而会造成更高的响应时间和能耗,这与目标检测和图像处理算法对超低时延的要求并不相符。然而在诸多车载应用中,有一些对计算结果的质量要求不高的应用,包括多媒体处理、机器学习和数据挖掘等,它们通常不需要一个完美的结果,只要一个低质量或不太理想的结果就足够了。相关研究提出了一种移动边缘计算中新的权衡方法——结果质量(quality of results,QoR),并提出在应用程序中放松 QoR 可以减轻计算工作量,并使移动边缘计算的响应时间和能耗大大减少。QoR 的衡量标准取决于应用领域和相应的算法,如目标检测算法,QoR 可以定义为正确检测目标的百分比。通过放松对 QoR 的容忍度,可以在一定程度上降低服务时延。但如果一味地降低 QoR,则计算结果将没有可信度。因此如何权衡 QoR 和服务时延之间的关系是研究卸载决策和资源分配策略的一个重要问题。

3.5.2　智慧社区物联网应用的计算任务卸载

1) 基于边缘共享缓存的计算卸载模型

在智慧社区中,存在很多新型物联网应用,包括智能车辆、电子健康服务、交互式游戏、智能家居和虚拟现实应用程序等,这些新型应用往往对响应时间有较高的要求,而支持这些应用需要执行一个个计算任务。

例如,在智慧社区中,常见的 VR 设备需要运行多种虚拟现实应用的计算任务,如场景渲染、对象识别和对象跟踪等,这些任务需要集成 VR 设备上传感器捕捉到的数据来完成。如果每次将计算任务卸载到边缘服务器时将这些数据也卸载过去,则会产生大量不必要的数据传输。为了减少数据传输时延,可以将计算相关的数据缓存至边缘服务器,并允许不同的计算任务共享这些数据。但是,引入边缘可共享缓存也给制定计算任务卸载决策增加了难度,同时还需要给出一种合适的缓存更新方法。此外,每种任务还有其自身的特征,如任务流畅度、任务优先级、数据大小和计算能力需求等。例如,场景渲染任务具有很高的流行度,跟踪对象任务需要使用更多的数据,这可能导致完成计算任务过程中涉及大量的数据传输,而识别对象任务则需要更丰富的计算资源来完成。因此,与传统内容的缓存相比,数据文件缓存不仅需要考虑流畅度,还需要考虑数据文件大小、使用数据文件的计算任务的优先级等因素。

智慧社区案例[37]使用三层边缘计算架构。架构的最底层是传感器层,它由一系列传感器构成,通常集成在智能设备上,只负责数据的获取和收集,一般不具备计算能力,当传感器获取到数据时,它会将数据向上传递;架构的中间层为智能设备层,通常由一些具备一定计算和存储能力的设备构成,如人脸识别装置、智能机器人、VR 设备等,它们需要使用传感器层捕获到的数据;架构的最顶层为边缘层,由配置了可共享缓存空间的边缘服务器构成,相比于智能设备,其具有更强的计算、存储等能力。

这些智能设备既可以在本地执行计算任务,也可以将计算任务卸载到边缘服务器。当计算任务在边缘服务器执行时,配有可共享缓存的边缘服务器可以减少需要传输的数据量,避免不必要的数据传输,进而降低响应时间。

由于智慧社区中的新型应用通常对响应时间有较高的要求,因此考虑通过在边缘服务器添加可共享缓存来减少卸载计算任务多次传输相同原始数据文件产生的时延,可以更好地满足用户需求,提高用户体验感受。

2）基于本地能耗感知的计算卸载模型

在本案例[37]的场景中,智慧社区由具有储能设备的并网光伏发电系统提供电能,采用集中电能管控方式,社区中光伏发电的电能由控制中心统一存储与管控。智能终端设备优先使用光伏发电所产生的绿色能源,当光伏发电所产生的绿色能源不足时,该社区中的智能终端将转由电网的非绿色能源供电。智能终端通过无线方式连接至接入点,每个智能终端都可以将卸载请求提交给预先分配的接入点,而接入点通过有线的方式连接到边缘服务器,并为其服务的智能终端做出卸载决策。

为辅助智慧社区向可持续方向发展,研究由并网光伏发电系统和储能设备供电的智慧社区场景,平衡计算任务产生的本地能耗和时延,以最小化所有计算任务的代价之和(本地能耗代价和时延代价)为优化目标,研究卸载决策和资源分配问题。

3.6　本章小结

本章讲述了边缘计算中的计算卸载,在边缘计算应用中,一般根据应用的时延和能耗等需求选择本地执行、完全卸载或部分卸载中的一种方案。本章首先说明了计算卸载过程的六大步骤,然后分析了完全卸载和部分卸载的两种策略,最后说明了计算卸载策略在具体案例中的应用。

思考题

3.1　本地执行、完全卸载和部分卸载分别适合应用于怎样的场景?

3.2　如何设计一个能耗和时延的权衡方案?

练习题

3.1　简述计算卸载的六大步骤。

3.2　简述在完全卸载策略中,最小化执行时延的决策方法。

第4章

边缘计算相关网络

近年来,随着移动互联网、物联网及工业应用的蓬勃发展,以及跨领域信息通信技术融合创新的不断深入,通信网络承载了数以千倍计的数据流量增长和千亿数量级的设备联网需求。为了解决传统数据处理方式下时延高、数据实时分析能力匮乏等问题,边缘计算在靠近数据源头的网络边缘侧,通过融合网络、计算、存储、应用核心能力的分布式开放平台,就近提供边缘智能服务。本章主要针对边缘计算相关网络展开研究,重点从通信网络的角度对边缘计算相关网络、通信协议及组网关键技术等方面进行分析,然后结合具体应用场景分析边缘计算网络的处理问题。

4.1　通信网络简介

通信网络和计算技术一直在迭代升级,从固定网络发展到移动网络,解决了移动性问题;从低带宽、高时延的移动网络发展到高带宽、低时延的 5G 移动网络,解决了移动通信容量、覆盖、QoS 和业务体验问题。网络通信存在于两大体系结构中,分别是 ISO/OSI 参考模型和 TCP/IP 协议,且都遵循分层、对等层次通信的原则。从本质上讲,通信的双方只有实现对等层次的协议,才能进行通信,各个环节需要实现的通信协议也可能不同。有线物联网通信的体系结构包括了一系列支持短程、本地和广域网的不同协议,以及可以实现感知网络与通信网络及不同类型感知网络之间的协议转换。

目前主要的网络类型有固定网络、移动网络、固-移网络结合。其中,固定网络一般指固定有线网络,可以分为接入网、汇聚网和城域网。早期的固定网络接入侧是使用有线连接,发展到现在已经实现了光纤大带宽的接入,接入机房后进行业务数据处理,一级一级汇聚接入城域网。移动网络一般指移动互联网,是将移动通信和互联网二者结合起来,可以分为接入网、承载网和核心网等,移动网接入的边缘计算在距离用户最近的位置提供了业务本地化和边缘业务的移动能力,提高了网络运营效率,改善了终端用户体验感受。

4.2　物联网简介

物联网是指通过信息传感设备,按约定的协议,使任意物体与网络连接,物体通过信息传播媒介进行信息交换和通信,以实现智能化识别、定位、跟踪、监管等功能。物联网技术包括传感器技术、射频识别(radio frequency identification,RFID)技术、纳米技术、嵌入式技术等,是通信网和互联网的拓展应用和网络延伸。

国内外已经建立了相关的标准化物联网网络模型及实现各种通信技术互联互通的标准,但物联网的应用非常广泛,采用的通信技术有简单和复杂之分,不可能要求所有的技术必须实现 ISO/OSI 参考模型或者 TCP/IP 协议,而是需要依据不同的通信实现来决定所需选择的层次。根据物联网网络结构、协议、业务服务模型和应用需求,国际电信联盟、电气电子工程师协会和欧洲电信标准协会等众多国际知名组织提出了通用的物联网框架,共分为 3 层,即感知层、传输层和应用层,其中:

(1) **感知层**,也称为"设备层",主要负责从当前环境中识别、采集和捕获外界环境或物品的状态信息,是物联网的"皮肤"和"五官"。感知层可以分为感知网络和感知节点。其中,感知网络是指通信网络能够感知现存的网络环境,通过对所处环境的理解,实时调整通信网络的配置,智能地适应专业环境的变化,通过二维码标签和识读器、RFID 及多媒体采集等感知设备,感知和采集外部环境的各种数据,在异构智能设备之间建立通信连接。

(2) **传输层**,也称为"网络层",介于感知层和应用层之间,作为纽带连接着感知层和应用层,它由各种私有网络、互联网、有线和无线通信网等组成,相当于人的神经中枢系统,负责将感知层获取的信息安全可靠地传输到应用层,然后根据不同的应用需求进行信息处理。传输层的子层包括接入网、核心网、局/广域网。其中,局域网通信技术包括以 ZigBee、Wi-Fi 等为代表的短距离传输技术,广域网通信技术包括 LoRa(long range)技术、增强型机器类通信(enhanced machine-type of communication,eMTC)、窄带物联网(narrow band internet of things,NB-IoT)等,核心网主要包括互联网络、移动核心网络、集中式云服务和数据中心等,物联网中的各种智能设备需要借助于各种接入设备和通信网实现与互联网的连接,接入网由网关/汇聚节点发起接入请求,为物联网和 Internet 之间的通信提供中介。

(3) **应用层**,位于物联网三层结构中的最顶层,其功能为"处理",即通过云计算平台进行信息处理。应用层与最低端的感知层是物联网的显著特征和核心所在,应用层可以对感知层采集的数据进行计算、处理和知识挖掘,从而实现对物理世界的实时控制、精确管理和科学决策。

物联网的用途十分广泛,是实现各个行业数字化转型的重要手段,在特殊业务要求的场景,如需低时延、高宽带、高可靠、海量连接、异构汇聚和本地安全隐私保护等场景中,借助边缘计算可以提升物联网的智能化。此外,智能互联设备的普及产生了海量数据,伴随着数据中心的发展,未来大量的内容与计算将被推向网络边缘,而边缘计算主要在靠近物或数据源头的网络边缘侧,把小型数据的计算、存储部署在物联网前端的网络边缘,可减少核心网络负载,降低数据传输时延,对于物联网的应用至关重要。

4.3　边缘计算网络简介

4.3.1　概述

数据中心网络拥有大量的服务器和网络设备,应用于数据中心(云计算系统)内的网络,内部的网络架构比较复杂,主要以南北向流量及东西向流量为模型设计,其分类按体系划分,每类网络在规划、建设、运营等方面都自成体系,网与网之间联系较少,对于要求特别高的业务,则需要通过传输专线等方式解决。过去的云网融合,网络位于云与端之间,解决了云与端的连通性问题。云上丰富的资源可以呈现在各种智能终端上,支持下行流量为主的云端互联,为终端提供内容服务。

随着大量实时性业务的出现,如工业互联网、自动驾驶、增强现实(AR)/虚拟现实(VR)、云游戏等,终端产生的大量数据需要上传到边、云的计算节点进行处理,并将结果实时送回终端。因此,边缘化、小型化的数据中心逐渐涌现,需要支持上行流量爆发的云、边、端互联,并为终端提供确定性的智能服务。边缘计算的出现将改变传统云和网的相互独立性,使得边缘计算进入网络内部,在靠近网络边缘侧计算和存储资源。因此,边缘计算的效率、可信度与网络的带宽、时延、安全性、隔离度等将发生深度耦合。

边缘计算系统的部署会对相关网络的能力与架构产生重要影响,有必要以边缘计算为中心,重新审视和划分对应的网络基础设施,研究和应用新的解决方案与关键技术,以满足边缘计算对网络的各类需求。边缘计算产业联盟与网络5.0产业和技术创新联盟联合成立边缘计算网络基础设施工作组,同年发布《运营商边缘计算网络技术白皮书》提出了以边缘计算节点为中心的边缘计算接入网络、边缘计算内部网络及边缘计算互联网络的理念。开放数据中心委员会发布的《边缘计算技术白皮书》中提出了边缘网络架构,包括移动网络、固定网络、固-移网络结合、园区/厂区网的边缘计算网络架构。雷波等[38]从边缘计算的角度重新划分和定义了网络基础设施,提出边缘计算相关网络的体系架构及边缘计算对网络需求的典型应用场景等。

随着边缘计算的进一步发展,未来以边缘计算为基础的云网一体到算网融合一体化发展已成为趋势,网络的作用和价值也将发生变化。这两个阶段是相辅相成的,云网融合为算网一体提供必要的云网基础能力,算网一体是云网融合的升级。算网一体是通过网络连接并汇聚计算资源,针对不同应用需求统一管理和调度算力资源、聚焦算力网络、网络编排等代表性技术,实现云、边、网、算的高效协同。网络与计算相互感知、相互协同,实现实时准确的算力发现、灵活动态的计算和连接服务的调度,提供无处不在的计算和服务,实现算力资源的合理分配,提高网络资源、计算资源的利用率。算力网络的技术理念已经逐步在行业中达成了共识,未来需要借助市场牵引、技术驱动和开放创新推进算力网络大发展,实现网络与计算的超级融合,赋能数字经济。

4.3.2　相关通信网络协议

国际电信联盟、电气和电子工程师协会(Institute of Electrical and Electronics Engineers,IEEE)、互联网工程任务组和许多其他标准化组织对边缘计算系统提出了分层网络模型和相应的通信协议。边缘计算协议包括基础设施协议、服务发现协议及应用层协议,而每一层都有一组特定的协议和参考模型。本节主要介绍基于 TCP/IP 的边缘计算通信协议的适用性。

(1) **基础设施协议**,包括物理层、链路层和网络层中所有的协议。其中,物理层包括 LET-A、IEEE 802.11、ZigBee 等协议,链路层包括 IEEE 802.15.4、WirelessHart 等协议,WirelessHart 是第一个开放式的可互操作的无线通信标准,用于满足流程工业对于实时工厂应用中可靠、稳定和安全的无线通信的关键需求,网络层包括封装及路由器等协议。

(2) **服务发现协议**,包括基于 IP 地址和非基于 IP 地址的协议,这种网络协议也存在于边缘设备层,由资源受限的边缘设备组成。基于 IP 地址的协议包括 mDNS 和域名系统服务发现协议(domain name system service discovery protocol,DNS-SDP),其中 mDNS 用于在没有本地名称服务器的小型网络中将主机名解析为 IP 地址,DNS-SDP 定义了 DNS 的配对功能,允许所有设备在对等体中相互组播,以快速发现本地设备和服务,而非基于 IP 地址的协议包括蓝牙 SDP 和 ZigBee 协议等。

(3) **应用层协议**,包括请求-响应模式和发布-订阅模式。请求-响应模式是由客户端发起一个请求,服务端接收到消息并响应对应的内容给客户端,包括 REST/HTTP、受限应用协议(constrained application protocol,CoPA)等,其中 HTTP 是被广泛接受的应用协议,其基于请求-回复的交互系统,当客户对某一内容发出请求,服务器收到请求后,会回复所请求的资源,而 REST/HTTP 主要是为了简化互联网中的系统架构,快速实现客户端和服务器之间交互的松耦合,降低客户端和服务器之间的交互延迟,通过 REST 开放物联网中的资源,实现服务被其他应用所调用,因此适合在物联网的应用层面使用。CoAP 协议支持请求-回复和发布-订阅交互模型,是一种基于 UDP 的 Web 传输协议,使用代表性状态传输架构,也能够使用类似于 HTTP 的请求-响应范式。发布-订阅模式包括消息队列遥测传输(message queuing telemetry transport，MQTT)协议、数据分布服务协议等，其中 MQTT 被称为 M2M 通信最主要的应用层协议，是一种基于 TCP 的协议，遵循发布-订阅交互模型。

4.4　边缘计算网络关键技术

边缘网络作为面向新兴场景的新架构网络，对网络提出了大宽带、低时延、大连接等诸多需求，所涉及的技术范畴非常广泛，而且边缘计算网络中的关键技术发挥着至关重要的作用，可以满足各类业务对边缘计算的需求，大大提升网络的性能。

4.4.1　网络切片

在通信网络中，每一个切片逻辑上都是一个独立的端到端网络，切片实际上是由一组网络功能及相应的计算资源、存储资源组成，针对特定的业务场景需求，可提供端到端的按需定制业务。比如，远程操控需要较低的时延和高可靠性，为了达到最低时延要求，可将 5G 核心网络的功能进行拆分，并将部分核心网络功能虚拟化后部署到边缘云，其他核心网络功能虚拟化后部署到核心云。因此，网络切片是一个包含计算、存储和网络功能的端到端虚拟网络，针对特定的业务场景需求，提供按需定制的网络性能。切片之间相互隔离，能够在一定程度上保障业务的 QoS。端到端的切片拥有独立拓扑、虚拟网络资源、流量和配置的规则及独立的架构或协议。

网络切片在同一个共享的网络基础设施上提供多个逻辑网络，每个逻辑网络服务于特定的业务类型或者行业用户，通过将物理网络切分为多个逻辑网络实现一网多用，使运营商能够在一个物理网络之上构建多个专用、虚拟、隔离、按需定制的逻辑网络，以满足不同企业用户对网络能力的需求，如时延、带宽、连接数等。网络切片在硬件基础设施上切分出多个虚拟的端到端网络，每个网络切片从无线接入网络、传输网络再到核心网络进行逻辑隔离，以适配各种类型的应用。端到端网络切片包含无线网切片、传输网切片和核心网切片三部分。

(1) **无线网切片**。无线网切片资源包括频谱、小区、设备资源等。切分方式包括硬切(资源隔离)、软切(资源抢占)。例如，在空口资源调度时，能做资源预留，包括某段空口时频资源给某切片专用；资源隔离、基于优先级的资源抢占，包括高优先级切片抢占低优先级切片的空口资源、基于切片业务容量的空口资源保障和限额等。在设备资源调度时，设备资源如 CPU、内存、队列等资源被某切片专用或基于切片优先级抢占式的共享使用。

(2) **传输网切片**。传输网切片方式的实现分为转发面和控制面两个层面。其中，转发面有光层/IP 层硬管道(物理隔离)、IP 层软管道(层次化 QoS 调度)，例

如,实现各切片的光传输资源独占和业务隔离;控制面实现各切片间不同的逻辑
拓扑及智能选路,例如基于时延、带宽等进行智能选路,提供确定的时延/带宽
保障。

(3) **核心网切片**。独立组网网络架构下,核心网的各网络功能被化整为零,拆
分成众多细颗粒的模块化组件,微服务就是 5G 核心网网络功能的最小模块化组
件。核心网切片可根据微服务按业务需求的不同,进行灵活编排,形成不同的切
片。此外,根据时延或带宽等需求的不同,切片的微服务可以灵活部署在网络的不
同位置。还有各微服务可被不同切片独占或共享,独占模式相当于每个切片各有
一套核心网,彼此之间互不影响,或者部分共享、部分独占,如某些微服务可以被多
个切片共享,包括统一用户接入鉴权管理、统一用户数据管理、统一用户策略管理,
而其他微服务如移动性管理、会话管理、用户面功能等,每个切片各有一套。

端到端网络切片可以按需为网络中的业务数据分配差异化的网络资源,进而
极大地提升网络资源的利用率。为了进一步拓展网络能力,可将软件定义网络
(software defined networking,SDN)技术和网络功能虚拟化(network function
virtualization,NFV)技术应用到网络切片技术中,使得网络虚拟化与网络功能虚
拟化成为可能,从而为现有的网络基础设施提供良好的可编程环境及灵活易扩展
的特性。SDN 与 NFV 技术的融合实现了网络敏捷、灵活、开放、智能的技术路径,
并进一步提升了网络运行的高效性、集约性、可扩展性。其为通信行业顺应“服务
云化、功能实现虚拟化”趋势、网络运营加速新业务的上线部署提供了技术手段,打
破了改变传统网络系统和设备开发、生产、应用、测试的生态体系,催生出了新的发
展机遇。

4.4.2　软件定义网络

SDN 将网络控制功能抽象为逻辑集中的控制平面,对底层设备资源进行管理
并支持可编程,数据平面负责转发操作,具备良好的灵活性、可控性,其中涉及的关
键技术包括网络交互协议、网络控制器和控制平面可扩展性研究[39]。其核心思想
是将数据平面和控制平面分离进而解决传统网络的严重耦合问题。通过分离网络
设备的控制平面与数据平面,将网络的能力抽象为应用编程接口(application
programming interface,API)提供给应用层,从而构建可开放、可编程的网络环境,
基于各种底层网络资源虚拟化,实现对网络的集中控制和管理。SDN 提供许多重
要优势,包括能够以编程方式自动化配置网络、提高可扩展性和可靠性及在整个网
络基础设施中操作的集中可见性等。SDN 由数据平面和控制平面组成的架构如
图 4-1 所示。

数据平面执行数据路径决策和转发流量。数据平面由与 SDN 控制器相关联
的路由器和交换机组成,其数据转发引擎通过控制-数据平面接口接入数据控制面
中的 SDN 控制器,SDN 控制器通过转发节点的南向接口管理控制平面,该接口就

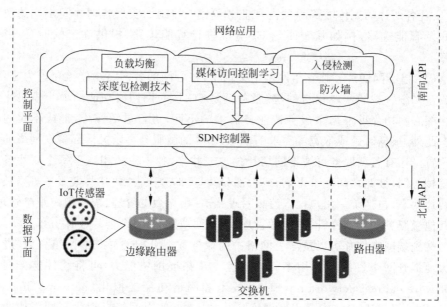

图 4-1　SDN 架构

是业界定义的南向接口。南向接口支持 OpenFlow 协议,该协议能够添加和删除支持 OpenFlow 协议交换机中的流表项,进而实现流量转发的集中控制。

控制平面执行逻辑与控制功能。控制平面不仅通过南向接口控制数据流量,还能通过北向接口与应用平面的 SDN 进行交互,用户基于开放的北向接口创建各种网络应用,方便实现各种业务逻辑,其自定义网络的功能大大提升了网络架构的灵活性。

4.4.3　网络功能虚拟化

NFV 利用虚拟化来实现灵活的网络功能设计、部署和管理,与底层物理层网络设备无关。借鉴虚拟化技术在云计算领域的应用,利用通用 IT 设备实现电信专属通信设备功能,NFV 技术与云计算的虚拟化技术结合,通过软件实现虚拟化的网络功能,其技术核心是电信网元功能与底层硬件的解耦,可降低成本和功耗。NFV 技术实现了在通用硬件平台上部署专有的网络功能,网元功能和物理资源可根据业务需要进行扩展和回收,实现了网络运营的高效性和网络服务的敏捷性。根据业务功能对相关功能单元的编排主要包括 NFV 基础设施(network function virtualization infrastructure,NFVI)、虚拟网络功能(virtual network function,VNF)和 NFV 管理与功能编排三个模块[40]。具体的 NFV 架构如图 4-2 所示。

NFVI 通过分布式部署通用网络设备,可以实现延迟、位置部署等业务的需求,降低网络的资本支出和运营成本。基于通用硬件,NFVI 还为 VNF 的部署和执行提供了一个虚拟化环境。NFVI 的参考架构可以划分为物理基础设施层、虚

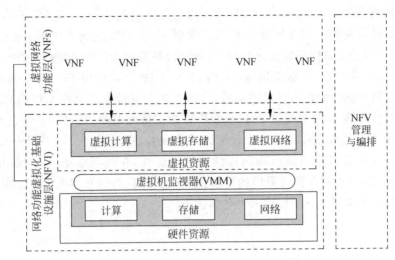

图 4-2　NFV 架构

拟化层和虚拟基础设施层。任何计算节点都可以通过内部接口与其他网元进行通信。VNF 将通信服务与专用硬件分离,如路由器和防火墙,这意味着网络运维可以不断地提供新的服务,且无须安装新的硬件,虚拟化服务可以运行在通用服务器上。此外,VNF 的额外优势包括选择按需付费模式、使用更少的设备从而降低运维开销及能够快速扩展网络体系架构等。管理和编排通过专有的管理和编排功能,根据网络实际需求实现网元功能的组合、底层设施的支撑及网元生命周期的管理。

4.5　应用场景

4.5.1　智能交通

在智能交通中,车联网是物联网在智能交通领域的运用,车联网项目是智能交通系统的重要组成部分。车联网是以车内网、车际网、车云网为基础,按照约定的通信协议和数据交互标准,在车、路、行人及互联网间进行无线通信和信息交换的系统网络。在车联网中,车与 X(vehicle to everything,V2X)是智能网联汽车中的信息交互关键技术,主要用于实现车与车(vehicle to vehicle,V2V)、车与路(红绿灯、路侧感知等)(vehicle to infrastructure,V2I)、车与人(vehicle to pedestrian,V2P)、车与网络(vehicle to network,V2N)之间的信息互联互通。目前,智能交通 V2X 通信系统存在两大通信技术标准,即基于 IEEE 802.11p 标准开发的专用短程通信技术(dedicated short-range communication,DSRC)和以 LTE 蜂窝网络作为 V2X 基础的 LTE-V 通信技术。

图 4-3 是基于边缘云网络架构的车联网 V2X 场景,采用了当前主流的车用无

线通信蜂窝(cellular)V2X 技术,C-V2X 通信技术是基于 3G/4G/5G 等蜂窝网通信技术演进形成的车用无线通信技术。图中 V2N、I2N 之间采用 Uu 通信接口,Uu 是车辆与基站之间的蜂窝通信接口,该接口是基于 4G/5G 频段,支持时延不敏感业务,如地图下载、信息娱乐等;V2V、V2I、V2P 之间使用 PC5 通信接口,PC5 是车、人、路之间的短距离直联通信接口,即车辆与其他设施之间不借助移动网络而直接进行通信,该接口是基于 ITS 专用频段支持低时延、高可靠业务,如 V2V、V2I、V2P 等道路安全业务。这两种模式优势互补,通过合理分配系统负荷,自适应快速实现车联网业务高可靠和连续通信。此外,在该场景中,路侧单元(road side unit,RSU)主要在覆盖范围内广播路况,信号灯、行人信息等,同时具有将移动网络接入车联网管理平台或云平台的能力。

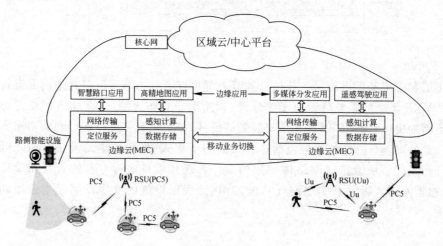

图 4-3　车联网边缘云网络架构

除通信模式外,该场景中的边缘计算设备可直接从车载端及路侧传感器中实时接收本地化的数据,MEC 节点对多个路口的 RSU 和 OBU 侧摄像头、雷达、信号灯等数据信息进行预处理和建模分析等,将结果以极低的延迟传送给邻近区域内的其他联网车辆,整个过程可在毫秒级时间内完成。同时,边缘云协同计算可提升 RSU 的计算和存储能力,引入更多的本地应用,如网络传输、感知计算等,以丰富交通场景的业务需求。区域云/中心云与边缘云的协同,不仅可以为整个车路提供算力和数据服务,还可以实现整个城市或者地区的交通路网动态规划调节能力。

4.5.2　智慧医疗

智慧医疗融合了多种通信技术,包括 4G、物联网和 MEC 等技术,并具备向 5G 平滑演进的能力,以崭新的网络架构为医院构建基于蜂窝通信的医疗虚拟专网,不仅能满足大带宽、低时延、大连接的网络通信要求,还能降低整体投资和运维成本。此外,安全是医疗领域对网络的特殊要求,医疗信息关乎人的生命安全,且具有隐私要求,网络需要具备较高的安全性和可靠性。

如图 4-4 所示,面向 MEC 架构从逻辑上可以分为无线终端层、基础网络、虚拟专用网络及应用平台[41]。将边缘计算节点部署于基站侧、基站汇聚侧或者核心网边缘侧,可以为医疗终端提供多种智能化的网络接入及高带宽、低时延的网络承载,并依靠开放可靠的连接、计算与存储资源,支持多生态业务在接入边缘侧的灵活承载网络,包括下面几个方面。

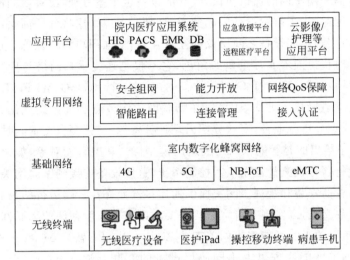

图 4-4　面向智慧医疗的 MEC 网络架构

(1) **应用平台**。应用平台可以将各类医疗业务的应用系统连接打通,如院内的 EMR/HIS/PACS 系统、远程医疗平台和应急救援平台等。因此,充分利用 MEC 计算能力可提供实时计算、低时延的边缘云医疗服务,提升医疗工作效率和诊断水平,使患者打破时间与空间的限制,随时随地获取医疗服务,开创全新的医疗行业模式。

(2) **虚拟专用网络**。虚拟专用网络是专网与公网端到端共享,即共享 5G 核心网、无线网和承载网,通过部署端到端的网络切片建设专网,用户信息和数据流量的安全性由网络切片技术保障。根据智慧医疗的服务宗旨和业务特点,利用 5G 网络切片、MEC、精细化 QoS 等技术,为医疗行业提供大带宽、低延迟和广连接能力,从而提供实时数据传输服务。

(3) **基础网络**。在基础网络中,MEC 支持 LTE、Wi-Fi、有线、ZigBee、LoRa、NB-IoT 等多种接入制式,对于一些已经集成有无线通信模组的移动护理终端和医疗服务机器人,可直接接入 MEC 网络,进一步提高医疗效率。

(4) **无线终端**。基于边缘云的 MEC 提供平台开放能力,服务平台上集成第三方应用或者在 MEC 上部署第三方应用,包括针对患者提供娱乐资源,如视频和游戏等,以丰富患者的医院生活。

4.5.3　智能家居

近年来,智能家居行业蓬勃发展,智能家居系统已经达到了一定的商业成熟度,许多企业开始研发自己的智能家居系统,如海尔 U-home、小米"米家"、美的智慧家居 M-Smart 等。尽管使用标准接口和协议的连接电器已经投入生产,但是由于各生产厂商采用不同的通信协议,生产的设备也千差万别,设备之间的互联互通存在困难。因此,为了解决设备之间的通信问题,可以采用将各厂商生产的设备连接到网关,以实现不同设备之间协议的互联互通,增强用户的体验感。边缘计算网关在物联网时代扮演着非常重要的角色,它不仅是连接感知网络与传统通信网络的纽带,支持以太网、串口、I/O 口等设备的接入,支持 4G/5G、Wi-Fi、有线以太网、光纤、LoRa 等联网接入方式,还可以在物联网边缘节点实现数据优化、实时响应、敏捷连接、模型分析等业务,有效分担云端计算资源,支持多台设备同时接入。

图 4-5 中给出的是智能家居网关通用模型[42],其中智能对象,如家电,可作为传感器和执行器分别测量数据或者控制系统,这些设备连接到家庭网关,该网关由网络服务运营商安装和管理。网关提供的连接性允许在云端运行的物联网应用程序与智能对象交互,以实现具有宽松延迟要求或需要大量存储的物联网应用程序。例如,小米旗下的米家智能多模网关支持 ZigBee、Wi-Fi、蓝牙 Mesh 三种通信协议设备,一个网关就能实现以上不同协议设备的互联互通。ZigBee 子设备和蓝牙 Mesh 子设备分别将无线信号发送给网关,收到信号后,根据用户预设的自动化条件,网关发命令让对应的 Wi-Fi、ZigBee 和蓝牙 Mesh 设备执行对应的动作,如开关

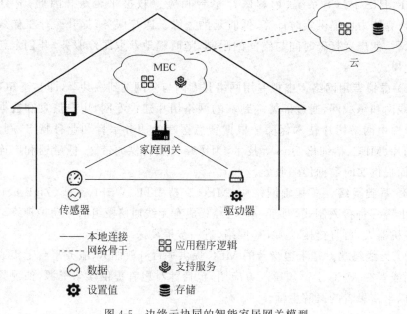

图 4-5　边缘云协同的智能家居网关模型

灯,网关通过 Wi-Fi 接入互联网,和手机 App 进行通信。上述智能家居网关模型是通用的,可以映射到许多不同的物联网技术或标准。除了连接性之外,家庭智能网关如果得到适当授权,还可以实现 MEC 服务器功能,允许本地执行物联网应用程序。最后,这些应用可以通过智能手机或 Web 应用程序进行监控或者向使用者提供操作界面,计算和存储的可用性可以实现支持智能对象操作的服务。

4.6　本章小结

本章分别从通信网络、物联网、边缘计算相关网络概述,以及边缘计算网络中的关键技术这四个方面阐述了边缘计算相关网络,并在最后介绍了具体的智能交通、智慧医疗、智能家居系统应用实例。

思考题

4.1　按照网络覆盖范围,简述目前主要的网络类型。

4.2　简述边缘计算网络中的关键技术。

练习题

4.1　边缘计算在网络边缘处理和存储数据方面的特性需要满足哪些需求?

4.2　试描述未来网络中以边缘计算为基础的网络发展趋势。

第5章

边缘计算资源管理

计算资源的综合管理是边缘计算系统设计的重要一环。针对不同的边缘系统设置,我们需要解决不同的综合资源管理问题。如果计算从用户终端卸载到边缘端,就需要在边缘服务器中对计算资源进行有效配置,以最小化执行时延。本章讨论了边缘端计算资源分配的解决方案,5.1节概述了边缘计算资源管理的内容,5.2节介绍了计算资源管理,5.3节介绍了网络资源管理,并在5.4节介绍了资源管理的具体案例。

5.1 边缘计算资源管理概述

边缘计算资源管理的主要目标是最小化应用程序的执行时延。通过充分利用边缘服务接近终端的特点来确保终端的 QoS。根据应用场景需要,资源管理也关注于计算节点能耗的最小化,以更好地满足时延要求和优化总体资源利用率。

如果终端决定将应用程序卸载到边缘端,则边缘服务器必须妥善分配计算资源。与计算卸载决策的情况类似,计算布局的选择受卸载应用程序并行化能力的影响。如果应用程序不支持并行化,那么只能为其分配一个计算节点。如在图 5-1

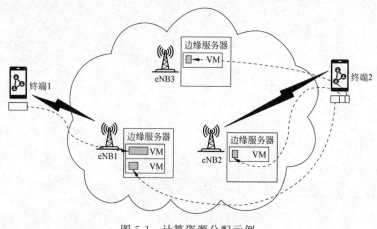

图 5-1　计算资源分配示例

中,终端 1 将整个应用程序卸载到一个 eNB(evolved node B,LTE 中基站的名称),因为该应用程序不能被分区。如果应用程序支持并行化,卸载的应用程序可以由分布在多个计算节点上的资源来处理(在图 5-1 中,由终端 2 卸载的应用程序由三个 eNB 进行处理)。

5.2　计算资源管理

5.2.1　单节点资源管理

将计算任务卸载到边缘端之后,边缘服务器对其中的计算资源进行资源管理。资源管理策略秉持着降低卸载计算时延的原则,或者根据不同应用场景的需求,在满足应用时延要求的同时,实现提升服务质量的目标。下面考虑单节点情况下的资源管理,讨论几个目标实现的策略。

1) 最大化服务性能

最大化服务性能的主要目标是在满足应用时延要求的同时,最大化边缘端所服务的应用程序量。该策略基于应用程序的优先级实现,可以融合边缘服务器和云中心服务器的资源,为用户终端提供服务。在终端要求卸载之后,必须决定其应用程序卸载到边缘端还是云端。该决定取决于应用程序的优先级(来自应用程序的时延要求,对低时延要求严格的应用程序具有更高的优先级)和边缘端计算资源的可用性[43]。

计算资源分配的基本原理如图 5-2 所示。卸载的应用程序首先交付边缘服务器内的本地调度器。调度器检查是否剩余足够的计算资源,即检查边缘服务器中的应用程序缓冲区是否已满。首先,如果边缘服务器中拥有可用资源,则为卸载的应用程序分配虚拟机(virtual machine,VM)进行计算,并最终将结果发回终端(见图 5-2)。其次,如果可用资源不足,则根据应用程序优先级存放于缓冲区,等待计算资源。最后,如果缓冲区已满,或者边缘端提供的计算能力严重不足,调度器会将应用程序委托给远程云计算中心。

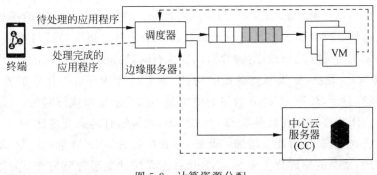

图 5-2　计算资源分配

2）最小化功耗

这里讨论最小化执行时延与最小化边缘端的功耗。预设一个场景，在终端密集分布的热点区域，这些终端能够通过附近的 eNB 访问多个边缘服务器。随着边缘服务器数量的增加，会导致高通信开销。可以通过每个 eNB 根据其计算资源的状态来计算自己的索引策略。然后，该索引策略由所有 eNB 广播，使得终端能够选择最合适的边缘服务器，以尽量减少执行时延和功率消耗。相关研究[44]表明，该方案可以有效地降低执行时延和功耗。

本节中的方法的主要缺点是，没有考虑在边缘端为单个应用提供多个计算节点，以进一步减少其执行时延。

5.2.2 多节点协同资源管理

与 5.2.1 节相比，本节考虑了在多个计算节点上分配计算资源。

如前文所述，降低执行时延和功耗，是资源管理的主要目标。在 5.2.1 节中讨论到，单节点的情况下（即没有考虑节点协同的情况下），如果边缘端计算资源不足，则会考虑将应用程序卸载到云端。但应用程序卸载到云端也可能会带来比边缘端计算更高的时延。而在多节点的场景中，计算资源不足的问题得到了缓解。

在尽量避免使用云的同时，通过分配 SCeNB(small cell eNB)集群提供的计算资源来最小化执行时延[45]。集群的形成是通过合作博弈的方式完成的，如果 SCeNB 为附属于其他 SCeNB 的用户终端进行计算，就会给它们激励（比如货币奖励）。计算资源的分配如图 5-3 所示。SCeNB 优先为连接到自己的终端提供服务，因为这将获得最短的通信时延（例如，在图 5-3 中，SCeNB 1 将计算资源分配给终端 1 和终端 2）。只有当 SCeNB 自身无法处理该应用时，才会转发到同一集群中的所有 SCeNB（在图 5-3 中，终端 3 的计算在 SCeNB 2 和 SCeNB 3 上完成）。实验数据显示，该方案能够有效降低执行时延，但也带来了一个新的问题——如何选择合适的计算节点。

计算节点的选择不仅影响执行时延[45]，还影响计算节点的功耗。因此，J. Oueis 等提出一个方案[46]来分析集群规模（即执行计算的 SCeNB 的数量）对卸载应用程序的执行时延和 SCeNB 的功耗的影响。该方案针对不同的回程拓扑结构（环形、树形、全网状）和技术（光纤、微波、LTE）展开。研究者通过实验证明，全网状拓扑结构与光纤或微波连接相结合，在执行时延方面是最有利的（执行时延减少高达 90%）。相反，如果期望最低的功耗，则应当选择环形拓扑中的光纤回程。此外，该研究显示，计算 SCeNB 数量的增加并不总是能缩短执行时延。恰恰相反，如果一个应用程序被卸载到很多 SCeNB 处理，则传输时延会变得比 SCeNBs 的计算时延更长，执行时延可能会增加。此外，随着计算 SCeNB 数量的增加，功耗也会增加。因此，适当的集群规模和 SCeNB 选择对系统性能起着至关重要的作用。

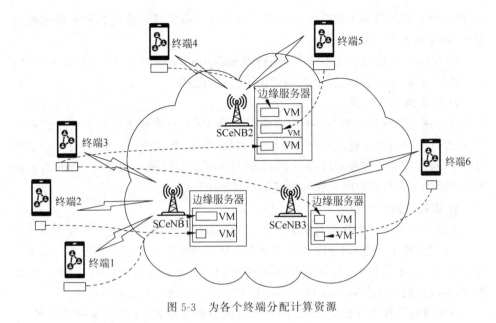

图 5-3　为各个终端分配计算资源

5.3　网络资源管理

随着物联网应用的日益丰富,超密集组网的使用场景越来越多。相比于传统的云计算,边缘云协同架构既能降低任务时延,又能减小网络压力。

传统网络资源管理主要包含了对云端各种硬件的管理。在边缘计算架构中,为了提高硬件资源的利用率,通过网络功能虚拟化(network function virtualization, NFV)将网络节点的功能分割成几个功能区块,分别以软件的方式实现,不再局限于硬件架构[47]。NFV 架构在第 4 章中已经进行了详解,这里主要介绍 NFV 资源管理,即图 4-2 中的 NFV 管理与编排(NFV MANO)。

5.3.1　NFV 管理与编排

在 NFV 架构中,NFV MANO 起着管理、控制、协调的重要作用。其中包含了三大基本组件:编排器(Or-chestrator)、虚拟网元管理器(VNFM)、虚拟设施管理器(VIM)[48-49]。

1)编排器

编排器是 MANO 中最重要的部件,是整个 NFV 架构的"大脑",它向上负责接收管理者及 OSS/BSS(NFV 与传统电信网络对接的组件)下发的部署需求,向下负责向虚拟网元管理器和虚拟设施管理器下发具体的部署指令。作为 NFV 的编排引擎,编排器将对整个 NFV 框架进行编排管理,负责把各个组件串联起来,并对网络业务的部署进行管理。编排器下发的部署任务包含了对网络业务的抽象描述,虚拟网元管理器和虚拟设施管理器负责将这一抽象描述落实为具体的虚拟机创建、镜像加载等工作。

NFV 编排器可以分为 Service 编排器和 Resource 编排器,前者是对 VNF 的服务进行编排,而后者是对 VNF 需要的资源进行编排。

2)虚拟网元管理器

虚拟网元管理器在整个 NFV 架构中充当 VNF 的管理者。其主要工作是对 VNF 进行生命周期管理,包括 VNF 的实例化、检测、扩缩容、终结等。在 NFV 的架构中,虚拟网元管理器可以部署多个,而且由于虚拟网元管理器与 VNF 有着密切的关系,VNF 和虚拟网元管理器通常是紧密绑定的。

3)虚拟设施管理器

虚拟设施管理器组件是对虚拟化层的管理组件,5G 时代也是云计算虚拟化的时代,通过虚拟化,使得网络服务的部署更加快速和便捷。虚拟化管理平台需要支持 VNF 部署到不同的云服务器上,并且让不同的云服务器上部署的 VNF 互相协作,常见的虚拟化平台可以有 OpenStack、VSphere、AWS、Azure、Aliyun 等。

虚拟设施管理器在整个 NFV 的参考架构中充当部署 NFV 设备的管理者,具体的工作包括管理、监控、配置硬件资源和其上的虚拟资源。随着对 NFV 研究的深入,对物理设备的管理、监控和配置能力也成为虚拟设施管理器的重要功能之一。

目前,在 NFV 产业界,公认的虚拟设施管理器的具体实现组件是 OpenStack,如果采用 SDN 技术来构建虚拟网络的话,SDN 控制器也被认为是虚拟设施管理器的一部分。OpenStack 是传统的 IT 云管理组件,在 NFV 中,OpenStack 也被选作虚拟设施的管理器。然而,NFV 架构的实现不仅需要区别于传统 IT 云的特殊需求,还对 OpenStack 提出了更多要求。SDN 控制器在整个 NFV 的部署中用于配置、管理网络。相比于仅使用 OpenStack 的网络组件 Neutron,使用 SDN 控制器管理网络更加灵活。根据实际部署情况,考虑到管理的需要,NFV 的架构可能有多个虚拟设施管理器存在。

5.3.2　MANO 实现

MANO 的实现方式可以分为直接模式和间接模式两种。直接模式和间接模式的不同之处在于,MANO 在执行各项功能时编排器、虚拟网元管理器、虚拟设施管理器三个功能模块之间的交互逻辑不同,主要是虚拟网元管理器和虚拟设施管理器之间的交互逻辑不同。

直接模式和间接模式是 NFV 的两种资源管理模式。在直接模式中,虚拟网元管理器直接与虚拟设施管理器进行通信,如虚拟网元管理器向虚拟设施管理器发送资源请求或资源释放通知,虚拟设施管理器处理该资源请求之后,再将资源池变化情况通知编排器。而在间接模式中,虚拟网元管理器与虚拟设施管理器进行隔离,当虚拟网元管理器准备执行 VNF 声明周期管理任务时,它在向编排器申请资源授权的同时也把相关资源请求发送过去,再由编排器与虚拟设施管理器进行信息交互,通知虚拟设施管理器分配或回收相关的软硬件资源。

MANO 采用直接模式和间接模式,在系统性能、故障排除和控制精度等方面都有着明显不同。相较于直接模式,间接模式下虚拟网元管理器和虚拟设施管理器之间的所有通信需要通过编排器,因此系统集成的复杂难度必然会增加,同时逻辑的改变、接口的缩减也导致了编排器模块负担加重,MANO 系统的核心功能进一步集中到编排器模块上。压力的增加带来的好处是,作为系统核心,编排器在间接模式下可以更加直接可靠地掌握系统的实时信息,从而更有效地对系统任务进行管理,同时也提高了系统的可靠性。

比如,在执行 VNF 实例化时,虚拟设施管理器根据 VNF 所需资源进行创建,在直接模式下是由虚拟网元管理器到指定的虚拟设施管理器中创建 VNF 所需要的虚拟资源,虚拟设施管理器检测到资源变化,再向编排器告知虚拟设施管理器中资源的变化情况,最后虚拟网元管理器向编排器发送 VNF 生命周期变化通知。如果虚拟网元管理器在资源创建过程中发生故障,编排器在接收到资源变化情况后将无法获取 VNF 生命周期变化通知,从而导致孤岛资源(编排器不知虚拟设施管理器上报的资源属于哪个 VNF)的出现。而在间接模式下,资源创建是由编排器执行的,避免了孤岛资源的问题。

5.4　具体案例

本节通过两个实例对应 5.2 节和 5.3 节讲述的资源管理内容。

5.4.1　智能家庭医疗

伴随着互联网和智能终端的快速发展,医疗健康设备的智能化进程也在不断加快,各种智慧医疗设备开始进入我们的生活中。这些设备帮助用户更方便、更科学地了解并掌握自身的身体健康状况。

为了降低智能家庭中医疗保健等应用程序的带宽成本及缩短服务响应时间,利用边缘计算技术将大量服务从云端部署到网络边缘。由于智慧医疗设备和服务的数量繁多,资源管理对提高系统效率和服务质量非常重要。

边缘计算中资源管理的常见方法是根据能源、带宽消耗和时延等多个因素将任务分配给远程云或边缘设备。然而,这种方法在智能家庭医疗保健中的应用效果不佳,无法处理紧急健康事件。一些突发的健康紧急情况需要及时发现,而不同的家庭医疗任务有不同的优先处理事项。于是,研究人员提出了一种称为HealthEdge 的任务调度方法[50],该方法根据收集的人类健康状况数据,为不同的任务设置不同的处理优先级,并确定任务应该在本地设备还是远程云中运行,以尽可能减少其总处理时间。该研究基于五名患者的真实跟踪,进行跟踪驱动实验,以评估 HealthEdge 与其他方法的性能比较。HealthEdge 可以在网络边缘和云之间优化分配任务,从而减少任务处理时间和带宽消耗,提高本地边缘工作站的利用率。

如图 5-4 所示,HealthEdge 的任务调度方法考虑了智能家居医疗平台中网络边缘(如智能家居传感器)和网络中心(如私有云数据中心)之间的资源管理。在 HealthEdge 中,系统架构分为两层,其中私有云数据中心位于第一层,网络边缘(包括传感器和边缘工作站)位于第二层。所有任务由传感器生成,然后任务将传输到边缘工作站。

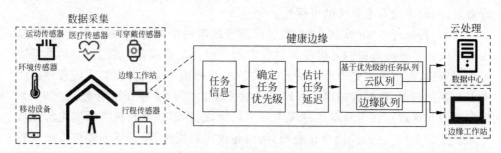

图 5-4　HealthEdge 系统架构

这种基于优先级的任务队列方法可使紧急任务提前处理。同时,避免了根据任务等待时间和处理时间时延等待任务。此外,HealthEdge 通过预测人类行为,可以预测每台服务器的可用资源及其到云的带宽。在此基础上估计数据传输时延、排队时延和计算时延,以预测每个边缘工作站和私有云数据中心中任务的总处理时间。最后,HealthEdge 以最短的估计处理时间将任务分配到目标。实验结果表明,HealthEdge 可以优化任务分配,显著减少任务总处理时间,尤其是对于某些紧急任务。

5.4.2　基于 NFV MANO 的边缘计算智能化部署方案

目前,针对现有的网络功能虚拟化环境部署边缘计算系统架构,欧洲电信标准化协会(ETSI)给出了两种方案。两种方案的主要差别在于 MEC 架构与 NFV MANO 组件的耦合程度不同:低耦合度的部署方案以 MEC 架构为基础,MEC 管理体系与 NFV 管理体系分别设置,未进行融合,仅通过 MEAO 与 NFVO 之间的接口进行管理层面的协调。高耦合度的部署方案根据文献描述,以 NFV 架构为基础,增加 MEC 组件,在 NFV 上可以承载 MEC 业务。该方案的原则是将已有的 NFV 架构网元部分尽可能地重复利用,增加新的接口并适当调整 MEC 组件,使两者能够更高效地进行管理。

本节将从低耦合度部署方案出发,按照方案架构、适用场景和具体方案部署的顺序,详述基于 NFV MANO 的边缘计算智能化部署方案[51]。

1) 方案架构

首先分析低耦合的基于 NFV MANO 的边缘计算部署方案,如图 5-5 所示。MEC 部分主要由 MEO、MEPM、VIM、MEP(MEC 平台)、MEC App(MEC 应用)及虚拟化基础设施组成。其中,虚拟化基础设施可以为 MEC 应用提供计算、存储、网络等资源,并具有数据方面的功能。用于执行来自 MEP 的流量规则,MEC 应用是运行在虚拟化基础设施上的应用实例;MEP 提供 MEC 应用程序和 MEC 服务,并从 MEPM 应用上接收流量规则等,以指示相应的数据平面。NFV MANO 框架包括三个主要的功能实体:NFVO、VNFM 和 VIM。

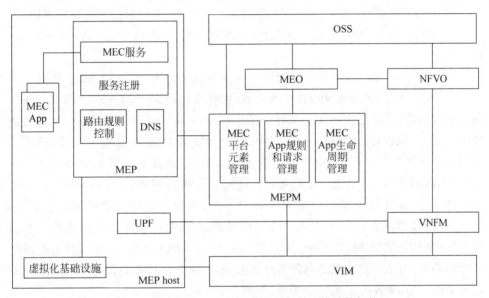

图 5-5　基于 NFV MANO 管理框架的边缘计算架构

2) 方案部署

在基于 NFV MANO 的边缘计算低耦合部署方案中,MEC 管理体系与 NFV 管理体系分立,使用统一的 VIM 创建所需的 MEC App 和 VNF,分别由 MEO 和 NFVO 进行管理,两个管理系统之间不做融合,仅通过 MEO 和 NFVO 之间的接口管理网络切片,协调多个 MEC App 和 VNF。

在基于 NFV MANO 的边缘计算低耦合部署方案中,MEC 管理体系和 NFV 管理体系根据所管理的业务类型进行划分。MEC 管理体系负责边缘应用的资源管理和业务管理,而 NFV 管理体系则负责虚拟网元的资源管理和业务配置。虚拟机形式部署的边缘应用对 VIM 的需求和调用与虚拟网元并无本质上的区别,因此这种模式下两套管理体系在功能上具有一定的重复性。然而,由于边缘应用和虚拟网元的供应商不同及标准尚未融合等原因,这种低耦合的部署方式可以实现 MEC 体系的快速部署上线,以管理和维护的成本换取部署时的复杂度。在实际的

边缘应用部署中,NFV 管理体系先准备好虚拟网元,然后 MEC 管理体系进行边缘应用的创建和配置。具体的交互流程如下:

(1) MEO 向 NFVO 发出请求,查询虚拟网元(UPF、vCPE 等)是否准备就绪。

(2) 如果 NFVO 事先已部署虚拟网元,则监测虚拟网元的运行状态是否正常。

(3) 如果 NFVO 事先没有部署虚拟网元,则触发创建网元条件,通过 MEO 向 NFVO 发送具体的虚拟网元参数,部署虚拟网元。

(4) 虚拟网元部署完成后,NFVO 向 MEO 发送通知,并传递网元的相关参数。

(5) MEO 发起 MEC App 部署流程,将业务请求和虚拟网元信息发送给 MEPM 处理。

(6) MEPM 进行 MEC App 资源创建和业务配置,生成虚拟网元路由规则。

(7) MEC App 创建完成后,MEPM 下发路由规则,通知 MEO 部署完成,进行业务上线。

在基于 NFV MANO 管理框架的边缘计算部署方案中,分设 MEC 管理体系与 NFV 管理体系,前者管理 MEC App,后者管理虚拟网元(VNF)。两个系统之间未进行融合,其优势在于 MEC App 部署与 NFV 体系无关,不具备 NFV 能力的 MEC App 厂家也可以部署;另外,MEC 管理系统与 VNF 系统交互较少,便于方案的快速部署上线。但是,由于两个管理体系分立,该部署方案需要功能复杂的 MEPM,既能管理业务配置,又能对业务进行生命周期管理;同时,MEC 与 NFV 管理体系分立,需要多维护一整套的管理系统,增加了运维管理的难度;此外,OSS 与 VIM 都需要对接 MEC 和 NFV 两套系统。因此,该部署方案适用于不具备 NFV 架构能力的 MEC 厂家,仅需要加入 NFV MANO 组件,就可以实现边缘计算的部署,由于两种框架之间没有过多的交互,因此架构中的各组件可以采用不同厂家的产品,实现方案的灵活部署,如图 5-6 所示。

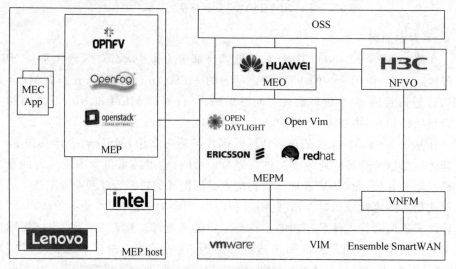

图 5-6 基于 NFV MANO 管理框架的边缘计算部署方案

3）SVM 深度学习的智能边缘计算部署方案

在基于 NFV MANO 管理架构的边缘计算低耦合部署方案中,由于 MEC 管理体系与 NFV 管理体系分立,未进行融合,即 MEC 管理组件负责边缘应用的资源管理和业务管理,而 NFV 管理组件负责虚拟网元的资源管理和业务配置,将导致二者管理方面的复杂度增加、无法对资源进行统一的规划和部署。因此,在现有的整体部署架构下,采用最优化的虚拟化资源调度策略和业务管理策略是现阶段需要重点解决的问题。

基于 SVM 深度学习算法的智能边缘计算部署方案如图 5-7 所示,MEPM 对 MEC App 需要向 VIM、MEC 主机分别发送资源分配和业务配置信息,以生成应用路由规则,完成业务上线和管理;VNFM 对虚拟网元同样需要向 VIM 和 MEC 主机发送虚拟网元的资源分配和业务配置信息。因此,为了降低 NFV 和 MEC 两系统之间协同工作的复杂度,并且对虚拟资源进行统一规划和部署,提高底层资源的利用率,可以将两类资源分配和业务管理信息进行特征标记,利用支持向量机 SVM 的深度学习算法生成统一的资源分配和业务配置策略,最大化地利用虚拟基础设施资源并提高业务部署效率。

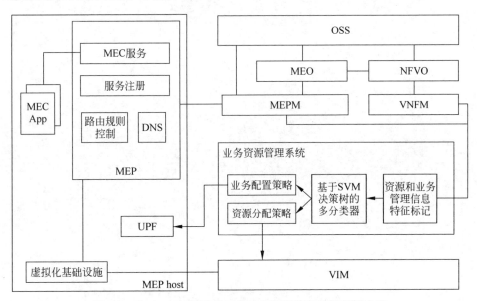

图 5-7　基于 SVM 深度学习算法的智能边缘计算部署方案

5.5　本章小结

本章讲述了边缘计算中的资源管理。边缘计算中的资源主要包括计算资源和网络资源,本章首先通过单节点和多节点协同两种方式分析了计算资源的管理,然后从 NFV 管理与编排的角度分析了网络资源的管理,最后通过具体案例分析了计算资源和网络资源在应用中的管理。

思考题

5.1　思考在什么应用场景下会着重考虑边缘计算的功耗问题?

5.2　思考多节点协同是否一定比单节点方式更好?

练习题

5.1　简述编排器、虚拟网元管理器和虚拟设施管理器在 NFV 管理与编排中的作用。

5.2　简述在单节点资源管理中,最大化服务性能的决策过程。

第6章

边缘计算安全与隐私保护

本章介绍边缘计算安全与隐私保护的相关问题,主要分为系统安全和数据安全两大部分。系统安全部分先对系统安全问题进行分析,接着对系统安全的威胁因子进行分类,然后介绍系统安全机制。数据安全部分先介绍数据安全的概念,然后对数据安全中的隐私保护进行详细分析,其中包括隐私问题分类、隐私保护的监管政策及解决方案。最后,结合具体应用场景,分别介绍了智能交通、智能家居、智慧医疗场景下的边缘计算安全与隐私问题。

6.1 边缘计算系统安全问题分析

随着万物互联时代的到来,边缘计算场景下的新兴应用,包括自动驾驶、基于 VR/AR 技术的沉浸式游戏、工业物联网、智慧医疗、智能家居等都得到了快速发展。然而,自边缘计算诞生以来,安全性一直是制约其实施和发展的关键问题。边缘计算的边云协同特性、大量新技术的融合特性、新的应用场景,以及人们对隐私保护越来越高的要求,都给边缘计算安全带来了巨大的挑战。

6.1.1 边缘计算节点的特性

边缘计算,作为一种新出现的计算范式,使数据在网络的边缘处理成为可能。其中,边缘节点(edge node,EN)是边缘计算数据处理的第一入口。EN 一方面负责对代表云服务的下行数据进行计算,另一方面又负责对代表物联网服务的上游数据进行计算,使得 EN 成为保护边缘计算安全和隐私的重要路径。从这个意义上讲,EN 拥有以下三个主要特性:

(1) EN 配备有限的计算、通信和存储能力。在集中式云计算范式中,云计算服务器被认为具有充足的计算能力和存储能力;而在边缘计算中,边缘服务器只管理整个边缘计算网络的一小部分数据,所以 EN 一般只配置有限的计算、通信和存储能力。对于不同的应用场景,EN 可以是智能手机、网关或小型的云数据中心。

（2）EN 采用分布式部署,由云端协调。在边缘计算范式中,为了即时响应用户请求,EN 靠近用户,通过短程通信技术与用户通信,快速满足用户的需求。通过这种方式,来自不同用户的请求以分布式的方式被回应。对一些复杂的任务,如用户行为模式识别的在线训练,EN 应该由云端协调,相互合作来完成这些任务[52]。

（3）EN 更接近数据源,作为数据处理的"第一入口",EN 先对边缘数据进行预处理,然后才将结果发送至云服务器进行进一步分析。

6.1.2 边缘计算安全威胁

6.1.1 节中讲到的 EN 的三个特性,一方面为边缘计算应用提供了更可行的技术方案;另一方面,又给边缘计算系统带来了更多的安全威胁。接下来,我们从四个方面来说明 EN 给边缘计算系统带来的安全威胁:

（1）**脆弱的计算能力**。与云服务器相比,边缘服务器的计算能力相对较弱。计算能力本质体现了防御能力,如果计算能力有限,那防御能力自然相对薄弱,因此,边缘服务器更容易受到攻击。并且,许多对通用计算机可能无效的攻击会对边缘设备构成严重威胁,这增加了边缘系统受到攻击的可能性。

（2）**攻击的无感知性**。与通用计算机不同,大多数物联网设备没有用户界面,尽管有些设备可能有粗糙的发光二极管屏幕,这样会导致用户对设备的运行状态无法感知,如设备是否关闭或被破坏。因此,会导致边缘系统受到攻击的风险进一步增大。

（3）**系统和协议的异质性**。不像通用计算机倾向于使用标准的操作系统和通信协议,如 POSIX,大多数边缘设备有不同的操作系统和协议,没有一个标准化的规定。这为边缘计算设计一套统一的保护机制增加了难度。

（4）**粗粒度的访问控制**。为通用计算机和云计算设计的访问控制模型主要包括四种类型的权限:不读不写、只读、只写、可读可写。这样的模型在边缘计算中是无法满足的,因为边缘计算系统及其启用的应用更加复杂,这需要更细粒度的访问控制,应该处理诸如"谁可以在什么时候以什么方式访问哪些传感器"等问题。然而目前的访问控制模型大多是粗粒度的。

6.1.3 边缘计算攻击分类

在本节,我们总结边缘计算所面临的主要安全威胁和攻击。这些威胁主要是由设计缺陷、错误配置和实施错误造成的,6.3 节中将详细介绍相应的防御措施。

1）DDoS 攻击

分布式拒绝服务(distributed denial of service,DDoS)攻击是通过大规模互联网流量淹没目标服务器或其周边基础设施,以破坏目标服务器、服务或网络正常流量的恶意行为[53]。这是一种强大的攻击,目的是阻止合法服务的正常使用。恶意的攻击者利用被攻击的分布式电子设备向受害者服务器持续发送数据包,受害者的硬件资源很快就会因为处理这些恶意数据包而耗尽,因而无法及时处理任何合法请求。在另外一些 DDoS 场景中,攻击者还可以持续发送畸形数据包,混淆受害者的应用程序或协议,从而让受害者错误地认为所有通道和资源都被占用了,因而拒绝正常的合法请求。

与云服务器相比,边缘服务器更容易受到 DDoS 攻击,因为它们的计算能力相对较弱,无法像云服务器那样维持强大的防御系统。此外,边缘服务器主要为边缘设备提供服务,而这些设备在安全方面是比较薄弱的。因此,攻击者倾向于首先破坏一些边缘设备,并把它们变成对付边缘服务器的武器,这些被控制的设备被称为机器人(或者僵尸),由一组机器人组成的网络则被称为僵尸网络。当僵尸网络将受害者的服务器或网络作为目标时,每台机器人会将请求发送到目标 IP 地址,这可能导致受害者服务器或网络不堪重负,从而对正常流量拒绝服务。由于每台机器人都是合法的互联网设备,所以可能很难区分攻击流量与正常流量。DDoS 攻击的示意图如 6-1 所示。

图 6-1　DDoS 攻击示意图

基于边缘计算的 DDoS 攻击可以归纳为洪水攻击和零日攻击两大类。

(1) **洪水攻击**。洪水攻击是 DDoS 攻击的一种常见类型,其目的是通过大量的恶意网络数据包使服务器资源耗尽,从而无法提供正常的服务,间接地拒绝正常服务。洪水攻击是黑客比较常用的一种攻击技术,其特点是实施简单,威力巨大,大多可以无视防御机制。根据攻击技术,洪水攻击主要分为 UDP 攻击、ICMP 攻击、SYN 攻击和 HTTP 攻击等。例如,在 UDP 泛滥攻击中,攻击者不断向目标边缘服务器发送大量的噪声 UDP 数据包,导致服务器无法及时处理正常的 UDP 数据包,从而中断了边缘服务器提供的正常 UDP 服务[52]。

(2) **零日攻击**。零日攻击比洪水攻击更先进,但它更难实施。零日漏洞通常是指还没有补丁的安全漏洞,零日攻击则是指利用零日漏洞对系统或软件应用发动的网络攻击。由于零日漏洞的严重级别通常较高,所以零日攻击往往也具有很大的破坏性。在这种攻击中,攻击者必须在目标边缘服务器/设备上运行的代码中找到一个未知的漏洞(即零日漏洞),触发漏洞可能会导致内存损坏,最终导致系统服务关闭,从而达到攻击的目的。例如,Microsoft IIS FTP 服务堆缓冲区溢出漏洞 CVE-2010-3972,可以在互联网信息服务(IIS)7.0 和 IIS 7.5 上引起 DoS[54]。这种攻击也是最难防御的,因为它利用的是尚未被公众所知的零日漏洞。

2) 侧信道攻击

侧信道攻击指的是利用任何可公开获取的、本质上对隐私不敏感的信息,即侧信道信息,来破坏用户的安全和隐私。这种公开信息与用户的隐私信息"密切"相关,攻击者通过获取到的公开信息探索其与隐私数据的相关性,从侧信道信息推断出受保护的用户隐私数据。

侧信道攻击的示意图如图 6-2 所示。攻击者不断地从目标边缘计算基础设施中获取某些侧信道信息,然后将其输入特定的算法或机器学习模型中,以输出所需的敏感信息。边缘计算中最流行的侧信道包括通信信号、电力消耗和智能手机/proc 文件系统或嵌入式传感器。具体来说,利用通信信号的攻击是通过攻击者持续监控两个边缘节点之间的信息传输实现的;利用功率消耗的攻击是通过攻击者窃取边缘设备的电力消耗数据实现的;而基于智能手机的攻击则是通过攻击者窃取智能手机公开文件或嵌入式传感器生成的信息实现的。

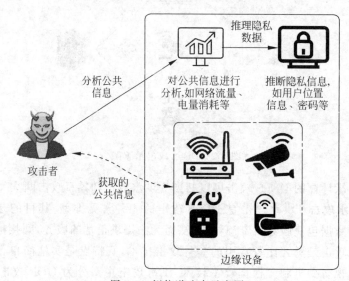

图 6-2　侧信道攻击示意图

（1）**利用信道信息的攻击**。在边缘计算中具有丰富的信道信息,利用通信信号获取受害者的敏感信息的概率很大。Li 等[55]研究表明,利用 H. 264 和 MPEG-4 编码方案可以减少相邻视频帧的时间冗余,但在家庭监控中会造成严重的隐私泄露,即使视频流是加密的。他们发现,利用简单的机器学习算法,如 k-近邻(KNN)和基于密度的空间聚类应用(DBSCAN),在推断四种标准人类日常活动(穿衣、发型、移动和饮食)时,准确率高达 95.8%。

(2) **利用功率消耗的攻击**。功率消耗是一个系统的电力使用指标。它包含与消耗能源的设备有关的信息,因为不同的设备在运行时有不同的耗电情况,相同的设备在不同计算强度的任务中,其耗电情况也有所不同。智能电表可以准确测量家庭的电力消耗。因此,这些数据可以被用来推断敏感的家庭活动。早在 1992 年,Hart[56] 就提出了一种名为非侵入式家电负荷监测(NILM)的侧信道推断方法,以监测简单的设备状态,例如,基于单个电器的能源消耗的开启或关闭。这种推理是良性的,因为它没有被用于恶意攻击。后来,Stankovic 等[57] 修改了原来的NILM,以进行推理攻击,大多数家庭活动,如烹饪、洗涤、洗衣、看电视、游戏等,都可以从智能电表基础设施中的能源数据推断出来。Clark 等[58] 利用边缘设备的电源插座进行了一次侧信道攻击,并成功推断出该设备正在访问的网页,准确率约为 99%。后来,他们扩展了这项工作,使用电源能量作为推理特征甚至可以检测边缘设备中的恶意软件,准确率约为 94%[59]。尽管这篇论文不是面向攻击的,但它间接地表明,基于设备的功耗监测对用户进行行为分析是可行的。最近,研究人员发现了一个新的物理通道,即由功耗引起的热侧通道,并利用它更有效地进行时间功率攻击,从而损害了边缘数据中心的可用性[60]。

(3) **利用基于智能手机的攻击**。智能手机是许多应用中的关键边缘设备。与物联网设备不同,智能手机有更先进的操作系统,拥有更丰富的系统信息。因此,与不太先进的物联网设备相比,智能手机可以展示一个更广泛的攻击面。我们将这些攻击分为两个子类:利用/proc 文件系统的攻击和利用智能手机嵌入式传感器的攻击。

/proc 是 Linux 中由内核创建的一个系统级文件系统。它包含系统信息,如中断和网络数据。尽管它是一个系统级的文件系统,但它可以被用户级线程和应用程序读取,访问/proc 文件系统不需要任何额外的权限。因此,/proc 已被广泛用于进行侧信道攻击。Chen 等[61] 提出了一种 UI 状态推理攻击,通过这种攻击,攻击者可以进行 UI 钓鱼,使用/proc 中公开的内存数据,欺骗受害者向边缘服务器发出不必要的请求。Diao 等[62] 利用存储在/proc/interrupts 中的中断信息来推断智能手机的敏感信息,如模式锁和前台运行的用户界面。

智能手机集成了各种嵌入式传感器来处理各种任务。一方面,这些传感器可以大大提升智能手机的功能;另一方面,它们也带来了敏感信息泄露的安全问题,智能手机内的嵌入式传感器带有丰富的信息,可以被利用来进行推理攻击。例如,Asonov 等[63],Zhuang 等[64] 证明可以通过分析早期智能手机中物理键盘发出的声音来推断用户的按键。然而,目前大多数智能手机通过采用触摸屏消除了物理键盘,尽管如此,攻击者的攻击方式也紧跟新技术。例如,Zhou 等[65] 通过利用麦克风捕获的指尖反射的声音信号破解了智能手机的模式锁。Cai 和 Chen[66] 表明,利用智能手机的加速器和陀螺仪传感器可以推断出敲击的按键。Chen 等[67] 提出了一种新的侧信道攻击,利用智能手机摄像头秘密记录的视频中用户的眼球运动,推断出用户在移动设备上的按键记录。

3) 恶意软件注入攻击

在计算机系统中隐蔽地注入/安装恶意软件的行为被称为恶意软件注入攻击。这种类型的攻击是最危险的攻击之一,因为恶意软件是对系统安全和数据完整性的一个重大威胁。在传统的互联网或通用计算机基础设施中,强大的计算能力可以支持高性能的防火墙保护系统,恶意软件的注入并不总是可行的。然而,边缘设备和低级边缘服务器因为硬件条件有限,没有办法受到传统防火墙的保护,因此,更容易受到恶意软件注入攻击。

恶意软件注入攻击的典型架构是简单明了的,如图 6-3 所示,其攻击的目的是将恶意软件(恶意代码)注入边缘设备或边缘服务器。我们将恶意软件注入攻击分为两类:服务器端注入(针对边缘服务器的注入攻击)和设备端注入(针对边缘设备的注入攻击)。

图 6-3　注入攻击示意图

（1）**服务器端注入**。边缘服务器的注入攻击主要有四种类型,即 SQL 注入、跨站脚本(cross-site scripting,XSS)、跨站请求伪造(cross-site request forgery,CSRF)和服务器端请求伪造(server-side request forgery,SSRF)及可扩展标记语言(XML)签名包装。

① **SQL 注入**是一种破坏后台数据库的代码注入技术。在常见的 SQL 查询中,合法用户只被允许操作指定区域的数据,如姓名、日期等不敏感数据。然而,攻击者可以通过在查询 SQL 中输入转义字符(如引号)来设法规避这一限制条件。在这种情况下,服务器可能会错误地执行攻击者在转义字符后输入的所有内容。数据库管理系统中如果没有对 SQL 转义字符进行过滤,则该漏洞就可能被攻击者利用。同时,攻击者还可能通过 SQL 注入,将恶意脚本注入边缘计算系统中,对系统安全造成威胁。

② **跨站脚本**是一种客户端攻击,攻击者在数据内容中注入恶意代码(通常是 HTML/JavaScript 代码),这些代码可以被服务器自动访问和执行。这里的"客户端"并不是指边缘设备端,而是指边缘服务器端,其中一个边缘服务器作为"客户端"访问或获取其他边缘服务器或云服务器提供的服务。因此,与传统的通用计算系统相反,XSS 是一种发生在边缘计算系统的边缘服务器层面的注入攻击。这种

攻击是由于边缘服务器没有从数据内容中过滤代码造成的。尽管 XSS 不是一种新的攻击,其运行机制也已被充分研究,但它仍然是边缘计算基础设施的一个严重威胁。Martin 和 Lam[68]创建了一个基于目标导向模型检查的自动模型检查器,在大量的代码中找到了 XSS 和 SQL 漏洞。

③ **跨站请求伪造和服务器端请求伪造**是同种类型的攻击,前者是终端用户(即本案例中的边缘服务器)被迫通过 Web 应用程序执行不需要的操作的攻击,后者是边缘服务器被利用来读取或改变内部资源的一种攻击。这两种攻击的根本原因是验证机制的粗粒度设计,如一个薄弱的身份验证机制,这很容易被攻击者破解。通过利用薄弱的验证机制,攻击者可以伪装成一台"合法"的边缘服务器,向其他边缘服务器发送命令,以达到攻击的目的。

④ **可扩展标记语言签名包装**发生在当边缘通信基础设施把 SOAP(simple object access protocol)作为其通信协议时,该协议使用 XML 格式传输消息。在这种攻击中,恶意攻击者首先拦截一条合法的 XML 消息,创建一个新的标签,并将原始消息的副本(可能包含验证参数,如令牌)放在新的标签(也称为包装器)中,形成一个"巨大的"标签-价值对。接下来,攻击者用原始信息中的恶意代码替换原始值,并将修改后的原始信息与"巨型"标签-价值对结合起来,将新的标签-价值对放在原始信息的常规标签-价值对之前。收到这个被篡改的消息后,受害者边缘服务器将首先验证该消息,验证大概率会成功,因为攻击者没有删除原始值(包含仍然有效的验证信息),而是将它们放入一个新的标签(包装物)。一旦验证成功,服务器将执行攻击者注入的恶意代码[69]。

(2) **设备端注入**。由于物联网设备在硬件和固件上都具有高度的异质性,因此存在不同的方法向物联网设备注入恶意软件。最常见的远程注入恶意软件的方法是利用可导致远程代码执行(remote code execution,RCE)或命令注入的零日漏洞。典型的例子之一是 2017 年捕获的"物联网收割者"病毒,它通过互联网协议和 Wi-Fi 感染了数以百万计的物联网设备,利用了网络路由器、IP 摄像头等 9 种不同物联网设备中存在的至少 30 个 RCE 漏洞。Maskiewicz 等[70]指出,罗技 G600 鼠标使用的固件更新机制存在漏洞,允许攻击者通过网络或 USB 感染一个固件。

4) 认证和授权攻击

认证是一种验证请求发起方身份是否合法的行为,授权则是一个确定用户访问权和操作权的过程,以确保用户根据其权利行事而不越界。在边缘计算系统中,认证通常在边缘设备和边缘服务器之间进行。在某些情况下,它也在边缘设备之间或边缘服务器之间以分散的方式进行。边缘计算中的授权通常指的是边缘服务器向某台边缘设备或其应用授予权限的活动。然而,设备/应用也有可能在触发-行动场景中向其他设备/应用授予权限。

认证和授权攻击的典型架构如图 6-4 所示。如果攻击者打算直接访问受保护的边缘服务器或边缘设备,则会被认证系统阻止。因此,攻击者寻求绕过认证过程的方法进行未经授权的访问。我们将攻击分为四种类型：字典攻击、利用认证协议漏洞的攻击、利用授权协议漏洞的攻击及过度特权攻击[71]。其中，前两种攻击针对认证协议，其余攻击针对授权协议。

图 6-4　认证和授权攻击示意图

（1）**字典攻击**。字典攻击是指攻击者利用一个证书/密码字典来破解支持证书/密码的认证系统。在这种攻击中，攻击者拥有包含最常用证书/密码的字典，并将该字典中所有可能的证书/密码输入目标认证系统，以找到可能的匹配。这种类型的攻击也被称为暴力攻击，该术语在业内被广泛使用。常用密码的字典是非常容易检索的，大量的公共字典可以从开源社区下载[72]。然而，针对不同的协议和不同的认证机制发动字典攻击需要不同的技术。Lu、Cao[73]及 Nam 等[74]发现，蓝牙有时使用的三方密码认证密钥交换协议在初始会话密钥建立后容易受到离线字典攻击。

（2）**利用认证协议漏洞的攻击**。字典攻击很容易发动，但是它有严重的缺点，如高资源消耗和低成功率。因此，攻击者倾向于通过发现认证协议的设计缺陷来研究更有效的攻击。Cassola 等[75]观察到 WPA 企业认证协议中存在的弱绑定漏洞，并提出了一个针对 WPA(Wi-Fi protected access)的实用和隐蔽的邪恶双胞胎攻击(evil twin attack)[76]。Vanhoef 和 Piessens[77]发现一些操作系统和平台存在严重的设计缺陷，攻击者在 WPA2(Wi-Fi protected access Ⅱ)中强制使用随机数，可以达到重放、解密和伪造认证信息等目的。

（3）**利用授权协议漏洞的攻击**。基于授权的攻击通常利用授权协议中存在的设计弱点或逻辑缺陷来实现对敏感资源的未授权访问或执行特权操作。在边缘计算系统中，OAuth 是一个广泛使用的授权协议，旨在实现多方授权[78]。在 OAuth 中，有三方参与，即用户、服务提供者和依赖方。OAuth 的目的是，只有在用户授予服务提供者访问权限后，服务提供者才可以访问用户的资源（存储在依赖方）。OAuth 的初始版本，即 OAuth 1.0，已经被证明容易受到固定攻击。因此，大多数供应商在现实中采用 OAuth 2.0。即使 OAuth 2.0 在理论层面上没有漏洞，但是Chen 等[79]发现，只有 59.7% 的移动应用中的 OAuth 协议是完整实施的。Sun 和Beznosov[80]分析了 96 个依赖方供应商的 OAuth 单点登录系统，发现了几个关键的漏洞，攻击者可以未经授权访问受害者的个人信息。

（4）**过度特权攻击**。除了 OAuth 协议的问题，研究人员还发现了授权系统中的过度特权（overprivilege）问题。Fernandes 等[81] 指出，三星智能家居平台 SmartThings 存在严重的特权问题，允许攻击者开发恶意的 SmartApps，可以发动过度特权的攻击，如改变门销和错误地开启火警。Jia 等[82] 开发了一种基于图形的算法来自动挖掘智能家居系统中的超权限弱点。基于这些弱点，他们构建了几个攻击，在没有授权的情况下控制受害者的智能家居设备。

6.2　边缘计算系统安全威胁因子

6.2.1　终端设备安全威胁

终端设备是整个边缘计算系统的重要元素，他们不仅是系统服务的消费者，还是数据的积极提供者，并在不同层面上参与构成分布式基础设施。然而，也会有一些恶意终端设备试图以某种方式破坏系统服务。尽管如此，这些威胁的范围也是相当有限的，终端设备只能影响到它们周围的环境。像常见的 DDoS 攻击、侧信道攻击、恶意软件注入攻击、认证和授权攻击都可能发生在终端设备上。例如，在文献[83]中，作者通过实验证明了各种侧信道攻击都有可能恢复终端设备的安全凭证。在文献[84]中，作者发现攻击者可以向终端设备操作系统注入恶意代码发动攻击。

6.2.2　通信基础设施安全威胁

边缘计算范式利用各种通信网络将多种元素如边缘设备、边缘服务器、云服务器等连接起来，这些通信网络的形式可以是无线网络、移动核心网络及互联网中的一种，或者是多种形式混合使用。攻击者可以尝试针对这些通信网络的基础设施中的任何一个进行攻击。由于无线网络是通过空中接口（air-interface）建立的，所以它是移动网络中最暴露的环节。这种性质使得以无线网络为主的接入网通信信道更容易受到中间人、窃听、欺骗、拒绝服务（DoS）等攻击[85]。同时，因为网关是通信基础设施中不可或缺的一部分，并且由于边缘计算的开放性，攻击者可以部署他们自己的网关设备，然后通过这些恶意的网关设备进行窃听或者注入攻击等。Stojmenovic 等[86] 证明了这种特殊攻击的实用性。

6.2.3　边缘数据中心安全威胁

边缘数据中心承载着虚拟化服务和一些管理服务的功能，以及最重要的数据存储功能。因为其重要性，恶意的攻击者总是尝试对边缘数据中心进行攻击。边缘数据中心的攻击面是相当大的，攻击者可以从对外提供服务的多个公共 API、所有行为者（如用户、虚拟机、其他数据中心）及硬件破坏等多个角度发动攻击。对边缘数据中心的攻击,可能是内部管理人员或者好奇的友方误操作,也可能是来自外部的攻击者。内部管理人员或者好奇的友方,在操作不合理的情况下,可能会导致数据中心隐私泄露,另一种情况是内部管理人员为攻击者开通内部通道;外部攻击的情况是外部攻击者伪装成正常的数据操作,类似数据查询等,通过恶意软件注入攻击,对数据中心进行数据窃取或者破坏。

6.2.4 核心基础设施

所有边缘系统组件会得到一些核心基础设施的支持,如移动核心管理系统和集中式云服务等。因此,有必要分析在这种特定情况下,针对这些核心基础设施的特定威胁是什么。应该注意的是,在某些边缘计算范式中(如 MEC),核心基础设施将由部署边缘数据中心的公司(如移动网络运营商)管理。核心基础设施属于更加深入的模块,攻击者想要对核心基础设施模块进行攻击,就必须突破前面的接入网防火墙、鉴权系统等安全措施。但是一旦攻击者突破了前面的安全措施,对核心基础设施进行攻击将是灾难性的,攻击者可以任意控制当前的服务状态,例如给其他模块返回虚假的信息、扰乱整个系统的运行、为攻击者自己谋取利益。

6.2.5 虚拟化基础设施

在所有边缘数据中心的核心部分,都可以找到一台虚拟化基础设施,它可以让云服务部署在网络边缘中。像所有其他资产一样,这一基础设施可以通过多种方式被利用。此外,我们还需要考虑到,虚拟机本身可能被恶意的对手控制,他们试图滥用或利用他们的可用资源。和核心基础设施的攻击一样,攻击者对虚拟化基础设施进行攻击必须突破前面的安全措施,一旦突破,攻击者可以随意控制虚拟化基础设施,消耗系统资源,使当前系统处于 DDoS 攻击中,并且恶意攻击者可能给自己的服务分配额外资源,谋取私利。同时,攻击者还可以在分配的虚拟资源中嵌入恶意服务,从而感染其他模块,进一步加大攻击行为,威胁系统的安全性。

6.3 边缘计算系统安全机制

为了应对不同的威胁和攻击,在边缘系统中部署各种类型的安全服务和安全机制是至关重要的。在本节,我们将介绍常见的必不可少的安全服务和安全机制,同时简要介绍它们在特定环境中的要求和挑战。所有的安全服务和安全机制需要考虑到各种要求和限制,如尽可能减少操作延迟,支持移动设备和其他移动实体(如虚拟机),实现技术、功能和语义的互操作性等。

6.3.1　身份和认证

在众多的边缘计算范式中,有多个行为者(终端用户、服务提供商、基础设施提供商)、多个服务(虚拟机、容器)和多台基础设施(用户设备、边缘数据中心、核心基础设施),这些行为者、服务、基础设施在一个多种信任域共存的生态系统中互动。这种模式下存在许多挑战,因为我们不仅需要给每个实体分配一个身份,还要允许所有实体相互认证。如果没有这个安全机制,外部攻击者很容易肆无忌惮地对服务基础设施进行攻击,并且内部攻击者也不会在进行恶意行为后留下证据。这种情况下,有必要探索身份联合机制和跨区域认证系统,两者应该是相互可操作的。此外,由于系统的不稳定性(延迟高或者中央服务器不可用),各个实体只需通过客户端就能提供其身份证明(如提供有效和受信任的属性)。

6.3.2　访问控制系统

给不同的基础设施授予不同的权限,对于各种边缘计算范式来说同样重要,因为边缘系统必须检查各个实体的证书,以授权他们的请求来执行某些行动(如服务提供商部署虚拟机、虚拟机调用边缘数据中心的 API、边缘数据中心之间的互动)。如果没有授权机制,那些没有权限认证的实体就可以滥用虚拟化基础设施的资源,用户将冒充管理员并控制基础设施的服务,恶意攻击者将访问任何资源,包括专有或个人信息。

由于边缘计算范式的固有特征,在每个信任域中部署授权基础设施是至关重要的,以便允许这些域的所有者传播、存储和执行他们自己的安全策略。如果它们之间存在信任关系,那么这些基础设施原则上应该能够处理任何实体的凭证。此外,在定义身份验证策略时,还应该考虑各种因素,如地理位置和资源所有权。

6.3.3　协议和网络安全

如果网络基础设施不受保护,整个服务生态系统将受到内部和外部恶意对手的威胁。因此,保护边缘计算系统所使用的众多的通信技术和协议很有必要。各种无线通信技术(如 Wi-Fi、802.15.4、5G、Sigfox、LoRa)用来服务本地用户,边缘数据中心及其管理者需要了解并利用这些技术实现的安全协议和扩展。同时,边缘系统需要包含并整合核心基础设施(如公共网络、移动网络基础设施)所使用的安全协议。此外,我们需要在虚拟化基础设施的租户之间提供网络隔离及其他保护机制。这其中有各种挑战需要解决。首先,有必要对网络基础设施的不同元素进行适当配置,所有元素将被部署在不同的地理位置,由不同的管理员管理。另外,在一些情况下,属于不同信任域的实体(如来自不同基础设施所有者的边缘数据中心)会相互作用,在这种非常异质的情况下,不同实体可能使用完全不同的通信技术,我们需要在实体之间建立安全连接。其他方面,比如在安全机制的强度和网络的整体服务质量之间实现动态平衡,也是非常重要的。

6.3.4　入侵检测系统

由于边缘计算系统使云计算提供的部分功能和管理更接近终端设备,从而将云服务器中的各种安全和隐私问题转移到边缘架构的不同层面。我们已经了解到外部和内部的攻击者可以在任何时候攻击任何实体,因此,在这样一个分布式的边缘云环境中检测攻击行为是具有挑战性的。解决这个问题的最佳策略之一是在边缘云平台上部署入侵检测系统(intrusion detection system,IDS),以筛选和分解系统流量和设备行为。IDS 的主要功能是识别可能来自多方网络或系统的恶意活动和攻击,并在发现后发出警报或者采取主动反应措施来尽可能地让系统避免被攻击。对于任何场景中的 IDS,最重要的是系统识别攻击的精度或准确性,目前有许多机器学习、深度学习策略被用于训练 IDS 的入侵检测模型,如决策树、聚类方法、支持向量机(SVM)[87]、循环神经网络(RNN)[88-89]等。

边缘计算场景下的 IDS 和其他场景下的 IDS 有很大的区别,主要区别在于边缘计算下的 IDS 覆盖范围更广,需要覆盖从云端到边缘端的各种基础设施,同时还要考虑边缘基础设施的异构性、分散性。这些差异都使边缘计算系统下部署 IDS 变得充满挑战性,即需要了解各种可以针对边缘计算范式发起的攻击特征,需要实现本地和全局防御机制之间的平衡,并且需要开发一个包含多层信任域的全局监控基础设施。此外,所有的防御机制,无论其级别如何,都必须能够以一种可操作的格式相互交换信息。这种信息应该是永久可用的,以检测更多的威胁。最后,防御机制必须尽可能地自主行动,以减少维护费用并提高安全基础设施的实用性。

6.3.5　敏感数据加密

除了恶意的对手,还存在诚实但好奇的对手。这些对手通常是经过授权的实体(如边缘数据中心、基础设施供应商),他们的次要目标是了解更多使用其服务的实体。这些了解可以是各种方式:使用计划、位置跟踪、敏感信息的披露等。所有的这些方式对用户的隐私构成了威胁。不幸的是,所有的边缘计算范式是开放的生态系统,其中多个信任域由不同的基础设施所有者控制。在这种情况下,不可能事先知道某个服务提供商是否值得信任以尊重用户的隐私。因此,这些诚实但是好奇的对手是一个非常严重的威胁,必须仔细考虑。

敏感数据加密是一个简单可行的解决方案。通过敏感数据加密,不仅控制了内部好奇的对手有意或者无意的敏感数据泄露,还防止了外部攻击者对敏感数据的窃取。加密数据的密钥必须妥善管理,只能由服务提供者和数据提供方互相知晓密钥,当数据到达服务方时,服务方根据提前约定好的密钥,进行敏感数据解密。

虽然敏感数据加密,在一定程度上增加了数据处理的开销,但是对系统的敏感数据起到了关键的保护作用,还是非常值得的。

6.3.6 容错性和复原力

没有一种范式是 100% 安全的,边缘计算范式也不例外。错误的配置、漏洞、过时的软件和误操作,都可能让系统触发错误,使系统暂时不可用。一个鲁棒性高的系统,需要有较好的容错性和复原力。容错性是指系统在遭受外部对手的攻击或者内部人员的误操作时,系统能容忍当前的操作,并且按照预定的状态继续运行;复原力是指假设系统存在不可知的漏洞(隐藏的 Bug),并且被外部对手攻击或者内部对手的好奇操作触发了,系统的部分服务处于短暂的不可用状态,此时系统的恢复机制,能让系统从故障状态中自动恢复成正常运行状态,并且记录故障日志,方便后续故障定位,从而进一步完善系统的安全性。

6.3.7 取证

不管有什么样的保护机制,都可能被恶意的攻击突破。这些攻击会在系统中留下证据,而这些证据未来可以用来揭示攻击者及其使用的方法。取证的目的就是识别、恢复和保存这些证据,以便不时之需。边缘计算场景下的证据管理是一个非常复杂的任务,主要是由于存在多个行为者、基础设施、技术和场景。目前,已经有相关研究,如云取证[90-92],可以用来解决如移动取证、虚拟化取证和存储取证等问题。此外,Wang 等[93]对雾计算取证和移动云计算取证的主要需求进行了详细分析,并认为雾计算和云计算领域存在各种共同的挑战,例如,在具有多个信任域的分布式生态系统中存储可信的证据,在获取和管理证据时尊重其他租户的隐私,保存证据的监管链。

6.4 边缘计算数据安全和隐私保护

边缘计算的数据安全和隐私保护是近些年研究的热点之一。网络边缘数据涉及个人隐私,虽然数据的就近处理为数据安全和隐私保护提供了很好的结构化支持,但边缘计算的分布式架构增加了系统被攻击的维度。边缘终端越智能,功能越多样化,就越容易受到恶意软件的攻击和安全漏洞的影响。现有的数据安全保护方法并不完全适用于边缘计算架构,同时由于网络边缘的高度动态性,也使系统网络更加脆弱和难以保护。综上所述,边缘计算的数据安全和隐私保护面临以下三个挑战:

(1) **轻量级数据加密和精细化数据共享**。由于边缘计算是一种整合了多个信任域的计算范式,以授权实体为信任中心,传统的数据加密和共享策略已不再适用,因此,设计一种形成多个授权中心的数据加密方法就显得尤为重要,同时还需要考虑算法的复杂性。

（2）**多源异构数据传播的安全管理**。用户或数据拥有者都希望能够使用有效的信息传播控制和访问控制来实现数据的分发、搜索、访问和授权范围控制。此外,由于数据的外包性质,其所有权和控制权是相互分离的,需要有效的审计验证方案来保证数据的完整性。

（3）**多样化服务场景**。除了需要设计有效的数据、位置和身份隐私保护方案外,如何将传统的隐私保护方案与边缘计算环境下的边缘数据处理特点相结合,实现多样化服务环境下的用户隐私保护是未来的研究趋势。

目前,边缘计算数据安全和隐私保护的研究还处于起步阶段,现有的研究成果较少。其中,一个可行的研究思路是将其他相关领域的现有安全技术移植到边缘计算环境中。国内外学者对移动云计算及其安全性进行了深入研究。Roman等[94]对几种常见的移动边缘计算范式进行了安全分析,阐述了一种通用的合作安全保护系统,并提出进一步研究的建议。这些工作为边缘计算的安全研究提供了理论参考。本节将边缘计算的数据安全和隐私保护的研究体系分为两个部分：数据安全和隐私保护。

6.4.1　数据安全

数据安全是创建安全边缘计算环境的基础,其根本目的是确保数据的保密性和完整性。它主要针对外包数据的所有权和控制权分离及存储的随机性等特点,用于解决数据丢失、数据泄露和非法数据操作等问题。同时,在此基础上,允许用户进行安全的数据操作。到目前为止,国内外学者的研究结果大多集中在云计算[95]、移动云计算[96]和雾计算[97]上。因此,边缘计算中数据安全的一个主要研究思路是将其他计算范式中的数据安全解决方案迁移到边缘计算范式中,并将边缘计算中的分布式计算架构并行化,将有限的终端资源、边缘大数据处理、高动态环境等特点有机地结合起来,最终实现轻量级的分布式数据安全保护系统。

1）数据保密性和安全数据共享

现有的数据保密和安全数据共享解决方案通常是通过加密技术实现的。传统的流程是,数据所有者事先对外包的数据进行加密和上传,而数据使用者在必要时对数据进行解密。传统的加密算法包括对称加密算法(如 DES、3DES、ADES 等)和非对称加密算法(如 RSA、Diffe-Hellman、ECC 等),但用传统加密算法加密的数据可操作性低,对后续的数据处理造成了很大障碍。目前,常用的数据加密算法包括基于属性的加密(ABE[98])、代理再加密(PRE[99])及全同态加密(FHE[100])等。

2）完整性审计

用户的数据存储在边缘或云数据中心后,一个重要问题是如何确定外包存储数据的完整性和可用性。目前对数据完整性审计的研究主要集中在以下四个功能要求[101]：

（1）**动态审计**。数据存储服务器中的用户数据往往是动态更新的。常见的动态数据操作包括修改、复制、插入和删除。因此，数据完整性审计方案不能局限于静态数据，而应该具有动态审计功能。

（2）**批量审计**。当大量用户同时发出审计请求或数据以块的形式存储在多个数据中心时，为了提高审计效率，完整性审计方案应具备批量审计的能力。

（3）**隐私保护**。由于数据存储服务器或数据所有者都不适合执行完整性审计方案，因此往往需要与第三方审计平台一起建立。在这种情况下，当 TPA 是半信任或不信任的时候，数据泄露和篡改等安全威胁是非常有可能的，而且数据隐私无法得到保证。因此，在完整性审计过程中，保护用户的数据隐私是至关重要的。

（4）**复杂性低**。对于数据存储服务器（边缘数据中心和数据所有者），边缘设备在计算能力、存储容量、网络带宽等方面都有限制，在设计完整性审计方案时，除了要保证数据的完整性外，方案的复杂程度也是一个重要因素。

3）可搜索加密

在传统的云计算模式下，为了实现数据的安全性和减少终端资源的消耗，用户往往使用一些加密方法将文件加密外包给第三方云服务器。然而，当用户需要查找包含某个关键词的相关文件时，他们会遇到如何对云服务器的加密文本进行搜索操作的难题。因此，可搜索的加密（searchable encryption，SE）应运而生。SE 可以保证数据的私密性和可用性，并支持密码文本数据的查询和检索。同样，在边缘计算模式中，用户的文件数据将被加密并外包给边缘计算中心或云服务器。可搜索加密也是边缘计算中保护用户隐私的一个重要方法。

综上所述，对于数据安全我们有以下三个研究方向：

（1）在数据保密和安全数据共享方面，结合属性加密、代理重加密、同态加密等加密理论，设计出一个低时延、支持动态操作的分布式安全存储系统，正确处理网络边缘设备与云中心之间的协同，是一个重要的研究思路。

（2）在数据完整性审计领域，主要研究目标之一是在实现各种审计功能的同时提高审计效率，减少验证开销。此外，设计支持多源异构数据和动态数据更新的完整性审计方案有望成为未来研究的重点。

（3）在可搜索加密方面，首先，如何在分布式存储服务模型下构建基于关键字的搜索方案，并进一步扩展到边缘计算环境是一个可行的研究思路；其次，如何在安全的多方共享模式下实现细粒度的搜索权限控制，使其适用于不同信任域的多用户搜索环境，同时保证搜索的速度和准确性；最后，对于边缘计算中的分布式密文数据存储模型，如何高效地构建适用于资源受限的网络边缘设备的安全索引并设计分布式可搜索加密算法是亟待解决的问题。

6.4.2　隐私保护

在本节,我们讨论边缘计算数据的隐私保护问题。首先介绍隐私问题的分类,确定哪些数据属于隐私数据,哪些情况可能会损害隐私,并阐述隐私保护的重要目标和目的。然后,总结关于隐私保护指令的相关文献。

1) 隐私问题分类

(1) **数据隐私**。被存储、处理或传输的用户数据的保密性被认为是数据隐私。对这些隐私数据的任何不当处理都被称为隐私泄露。随着物联网的进一步完善,与边缘设备配套的大数据应用越来越广泛,未来产生的个人数据量将会非常巨大,这些用户数据都充满了敏感性[102],诸如医疗保健、银行和众包等应用的用户数据。此外,由于边缘计算系统的开放性,用户数据可能被传播到系统的各个基础设施中,这其中不乏公共网络,这就给用户数据隐私保护带来了巨大挑战。并且,现在和用户相关的各类应用程序,都会充分利用用户数据并配上各式各样的算法,对用户进行服务或者推荐,而这些活动很可能是在未经用户同意的情况下进行的,使用户的隐私受到严重侵犯。因此,如何保护用户数据隐私是边缘计算被广泛应用的一个基本前提。

数据隐私保护是由于用户的隐私数据将由不受用户控制的实体存储和处理。因此,在保证用户隐私不被泄露的情况下,允许用户对数据进行各种操作(如审计、搜索和更新)是当前的研究重点。

(2) **位置隐私**。尽管各类应用基于位置信息给用户提供了众多便利的服务,但地理位置的暴露会危及用户生活的财产、娱乐、职业和保密等,有可能使用户置身劫持、敲诈或勒索的危险之中[103]。用户的位置可能被有意或无意地透露给订阅的服务,作为弹出的位置共享服务请求,用户在没有关注的情况下就同意了,没有意识到后果。此外,除了直接的位置隐私泄露外,攻击者还可能通过窃听、侧信道攻击等方式窃取用户的位置隐私。例如,边缘计算系统中的通信信道可能会被窃听者监测以追踪位置[104],攻击者可以根据与用户通信的边缘服务器位置推断出用户的大致位置等。

目前该领域的研究热点主要集中在利用 K-Anonymity 技术实现位置服务中的隐私保护。但是,基于 K-Anonymity 的位置隐私保护方案在实际应用中会消耗大量的网络带宽和计算开销,不适合资源有限的边缘设备。

(3) **身份隐私**。身份是在网络虚拟空间保护用户隐私信息的关键。一个有能力复制用户身份的攻击者可以访问该身份授权的整个数据集群。用户篡改、用户克隆和伪装等攻击方式,是造成用户隐私大规模泄露最常见的攻击方式。在核心网络中,网络入侵者有能力暴露用户或实体的身份凭证,并可能利用该身份达到自己的非法目的。因此,保护用户的身份隐私是边缘计算部署的一个主要条件。

目前,边缘计算范式中的用户身份隐私保护并未引起广泛关注,仅有移动云环境下的一些探索性研究成果。Khalil 等[105]指出,目前的第三方身份管理系统容易受到三种攻击:服务器入侵、移动设备入侵和网络流量拦截。针对这些攻击,作者提出了一种综合的第三方身份管理系统。

综上所述,边缘计算中用户的隐私问题可以归纳为以下三个矛盾:外包数据与数据隐私的矛盾、基于位置的服务与位置隐私的矛盾、数据共享与身份隐私保护的矛盾。国内外学者针对这三个矛盾进行了深入研究,但提出的方案仍存在诸多缺陷,可能的研究方向如下:

① 支持用户对数据进行各种操作(如审计、搜索、更新),同时保证用户隐私不被泄露。此外,用户间协作互操作中的隐私问题值得广泛关注。

② 针对基于 TTP 的隐私保护方案在计算能耗方面的不足,设计一个轻量级、高效的隐私保护方案显得尤为重要。

③ 实际网络中的边缘设备会产生大量的实时动态数据,为攻击者提供了数据关联、集成分析和隐私挖掘的可能。因此,从用户的身份、行为、兴趣和位置等角度构建动态的、细粒度的数据安全和隐私保护方案是一项重要的研究内容。

2)隐私保护的监管政策

用户对隐私保护的感知度不高,没有办法很直观地了解到自己的隐私是否被应用商保护起来了,基于这个原因,很多应用商直接忽略用户的隐私数据保护,以降低自己的运营成本。但是由于隐私保护的监管政策不完善,这些不负责任的应用商并没有因此而受到处罚,导致市面上的应用商都跟风对用户隐私数据保护视而不见。所以,隐私保护一方面需要完善的技术来保障,另一方面需要有更高层的监管政策来对应用厂商制定规范,给应用商制定明确的隐私保护义务,当应用商没有履行隐私保护义务时,应予以相应的惩罚。基于以上理论,接下来对隐私保护的监管政策加以详细说明。

(1)**全球遵守的隐私政策**。隐私政策应被采纳为全球范围内的立法,以确保在跨国或跨大陆的背景下都有统一的标准。此外,隐私政策的标准化水平应考虑到各利益相关者的利益和服务领域,以便务实地分配隐私法规。

(2)**MEC 服务供应商和消费者的责任**。MEC 服务提供商应在其领域内对任何承诺的隐私侵犯负责,而消费者有义务报告他们或其他方遇到的任何隐私侵犯。担负这些责任可以建立一个保护隐私的生态系统,在这个系统中,隐私侵犯不会被忽视。

(3)**整合技术的隐私合规性**。MEC 整合了诸如 NFV、SDN、ICN、网络切片、物联网和 5G 等技术[106]。这些技术由不同的机构和公司运营和标准化。因此,在这些组织之间建立一个关于隐私机制和政策的共同行为准则以减少利益冲突是至关重要的。

(4)**数据可移植性**。这一目标要求在 MEC 服务提供者之间传播私人信息,而不采用强制标准。它确保了整体的跨域 MEC 系统的互操作性。

(5) **数据处理的问责性和透明性**。由于不同的利益相关者在 MEC 系统中行动,每一方都应该向其他各方(包括用户)声明他们在数据存储、处理和传输活动中的意图,以保持透明的服务义务,并且需要详细说明隐私问题的问责,让各方共同维护用户隐私。

3)隐私保护的解决方案

(1) **基于任务卸载的解决方案**。随着计算卸载成为边缘计算系统的普遍现象,向边缘基础设施传输数据的隐私保护是一个非常重要的问题。2017 年,He 等研究了边缘计算任务卸载功能的位置权限和使用模式隐私保护[104]。该论文研究了隐私保护和操作延迟、能源消耗性能之间的平衡,在保护用户数据隐私的情况下,同时保持最优的操作延迟和能源消耗。论文提出一种基于约束马尔可夫决策过程的调度算法,与传统的马尔可夫决策过程相比,新提出的约束马尔可夫决策过程能够通过成本参数应用多种决策,从而可以更好地指定模型,在数据隐私保护和系统性能之间保持平衡。

(2) **隐私分区**。在这种方法中,包含信息的数据或设备被划分为不同的层,在这些层中可以有效地应用不同的隐私保护技术。Chi 等[107]提出一种称为隐私分区的新技术,它由可信的本地分区和不可信的远程分区组成,提出的方法可以有效地对移动卸载过程中采用的深度学习分类任务进行隐私保护。

(3) **减轻大数据中的隐私泄露**。大数据是指无法用常规数据处理技术处理的极其大量的数据的代表。提取、存储、处理和检索这样的数据量所需的资源量巨大,使人们对隐私保护机制的适应性产生怀疑。Du 等[108]提出了一种隐私保护方法,旨在为大数据和异构物联网应用最大限度地提高查询准确性和最小化隐私泄露概率。该方法采用一种基于机器学习的差分隐私保护方法,在输出过程中聚集拉普拉斯随机噪声,其噪声量取决于数据的敏感性。实验结果表明,在准确的数据检索下,该隐私保护方法是有效的。

(4) **基于混沌服务的隐私保护**。启动混沌服务是为了混淆攻击者,将其注意力转移到混沌进程上,而合法的服务进程同时运行,但这些进程对攻击者来说是模糊的。Shirazi 等[103]提出了一种基于混沌服务的方法来保护用户隐私。在他们的工作中,混沌服务由用户或 MEC 平台启动,以迷惑窃听者。窃听者被建模为最大似然检测器,同时考虑了几种混沌控制策略来制定模型,文中对每种策略都进行了鲁棒性分析,以确定防御策略。采用混沌服务对服务平台来说是昂贵的,因此,作者得出结论,部署混沌服务的方法应该是第二道防线。

(5) **隐私模型和协议**。确保参与通信的用户的匿名性认证协议的安全性对于确保用户的隐私是必不可少的。Jia 等[109]提出了一个匿名认证密钥协议,以保护用户身份和减少可追踪性。椭圆曲线加密法、双线性配对和复杂性假设被用来制定用户相互认证的方案。之后,作者进行了安全分析和计算成本评估,并证明用户身份和匿名性会成功保护隐私。Li 等[110]提出了一个在物联网支持的 MEC 部署中保护隐私的模型。该解决方案包括三个实体,即终端设备、边缘服务器和公共云中心,其中从终端设备转发的加密数据在边缘服务器汇总,以便将其传递到公共云中心。只有拥有私钥的公共云中心才可以检索数据。这三个实体系统包含五个主要阶段,即初始化、注册、加密、聚合和解密,从而确保了从终端设备到公共云中心的用户数据隐私。

(6) **基于区块链的解决方案**。区块链设计了一个加密连接的数据块,没有适当的证书是不可能泄露的。这一概念为设计基于 MEC 的新型协议的隐私保护方案提供了一个机会。Gai 等[111]提出了一个用于智能电网网络(SGN)的按任务划分的区块链模型。所提出的由三层组成的高层架构旨在保护作为区块链系统中节点运行的 SGN 中注册用户的隐私。识别功能是基于伪标识符,以保护隐私。一个称为超级节点(SN)的实体管理 SGN 中其他节点的身份。该系统不记录操作节点的身份细节,以保护隐私。

6.5　具体边缘计算应用的安全和隐私保护

6.5.1　智能交通

车联网使用不同的通信技术,包括专用短程通信(dedicated short range communication,DSRC)、蓝牙、Wi-Fi 和移动通信网络等,这些技术实现了不同的通信模式,如车对车(V2V)和车对万物(V2X)(包括车对云通信)[112]。同时 ITS 运行过程中会产生大量的数据和运算,现今智能汽车有限的计算和存储能力难以满足大量计算需求和低时延的限制,而边缘计算可以很好地解决这些问题。ITS 运行过程中收集的数据是非常有价值的,分析这些数据有助于预测交通中的重要事件,如事故发生的概率、环境变化、司机预期行为、预期驾驶时间和道路拥堵情况等[113]。然而,这些数据普遍涉及用户的隐私和安全,必须以安全的方式进行存储、处理和分析。因此,ITS 必须在保证系统安全的同时,部署安全的数据管理和共享技术,才能在提供便捷服务的同时,保护用户的安全和隐私。下面将以一个具体的智能交通系统应用实例来说明边缘计算系统的安全和隐私保护。

在 6.4.2 节中讲道,可以用区块链来增加边缘计算系统中的数据安全。Wazid 等提出通过区块链来增加 ITS 安全[114],并提出一个由公共区块链提供的 ITS 安全通信框架(PBSCF-ITS)。提出的 PBSCF-ITS 保证了车辆与车辆、车辆与路侧单元、路侧单元与云服务器之间的访问控制和密钥管理。如图 6-5 所示,给出了系统的网络模型,由智能车辆、RSU、云服务器、用户和交通监控系统组成。一辆智能汽车可以通过 DSRC 或移动通信网络与附近的其他智能汽车或 RSU 进行通信,并可能通过移动通信网络与云服务器通信。RSU 可以通过有线或无线网络与后端系统(如云或注册机构)进行通信。交通监控系统通过后端通信连接到云服务器,如有线或无线骨干通信。车辆中的传感和监控系统从周围环境中感知数据,并将信息发送到云服务器进行额外处理和存储。其他网络实体也产生数据并将其发送到云服务器。ITS 环境的数据是以公共区块链的形式存储在点对点(point to point,P2P)云服务器中。使用区块链可以防止一些潜在攻击,如数据泄露攻击和数据修改攻击。根据讨论的网络模型,可发生以下类型的安全通信:V2V、V2RSU 和RSU2CS 通信,交通监控系统到云服务器通信和用户到云服务器的通信。整个通信是通过一些无线或有线通信技术进行的,然而,这种类型的通信对网络攻击者是开放的,它可以通过前面讨论的不同类型的攻击进行破坏。车辆网络中无线信道的开放性本质上诱使攻击者发起不同的攻击。

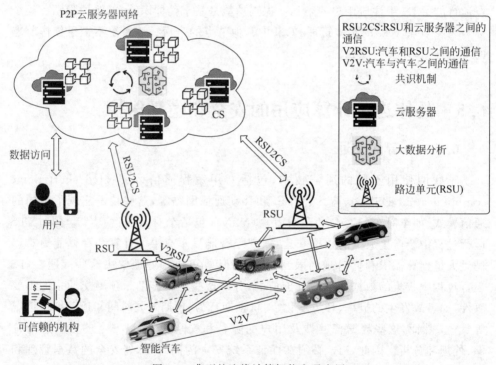

图 6-5 典型的边缘计算智能交通应用

1)安全通信框架

下面我们详细解释文献[114]的作者提出的 PBSCF-ITS,主要分为以下几个阶段:

(1)**系统初始化阶段**。在系统初始化阶段,选择一些重要的加密原语和参数,这些原语和参数是其他阶段所需要的,如"注册、访问控制和密钥协议"。

(2)**注册阶段**。参与的实体必须在使用网络服务之前进行注册。可信任机构通过安全通道以在线方式进行各种实体的注册,具体包括智能汽车注册、RSU 注册、云服务器注册。

(3)**访问控制阶段**。此阶段需要在不同的智能汽车及其附近的路边单元

(RSU)之间提供安全的访问控制。车辆之间的访问控制和车辆与 RSU 之间的访问控制采用不同的机制。

（4）**动态智能车辆增加阶段**。在车联网中新增一辆智能汽车，包含以下过程：首先可信任机构为智能汽车生成私钥，然后进一步为智能汽车生成随机的临时身份及随机秘密，用来计算其对应的公共参数。

（5）**区块创建、验证和添加阶段**。在这个阶段，首先 RSU 以交易的形式将数据安全地发送到云服务器，其中云服务器形成一个点对点（P2P）云服务器网络。一旦交易被广播到网络中，它就可以被加载到交易池中，交易池由网络中的每个对等节点维护。当交易池达到预先设定的交易阈值时，从网络中以轮流方式选出一个领导者，并构建一个区块，使用"实用拜占庭容错"（PBFT）共识算法执行基于投票的共识机制[115]。在执行 PBFT 后，提议的区块将被添加到区块链中。

图 6-6 给出了框架的整体流程图。它提供了上述所有阶段的快照，如注册、访问控制和密钥建立，以及区块链的创建。步骤 0 与 RSU 和云服务器的注册有关。步骤 1 和步骤 2 与智能车辆的注册有关。在这些实体成功注册后，各自的凭证被加载到它们的内存中。步骤 3～步骤 5 用于车辆和 RSU 的访问控制和密钥建立过程。类似的步骤可用于一辆车与其邻居车辆的访问控制和密钥建立过程。步骤 6 用于 RSU 和 CS 之间建立密钥。RSU 使用步骤 7 将交易安全地发送至 CS。共识和区块链的实施最终在步骤 8 中进行。

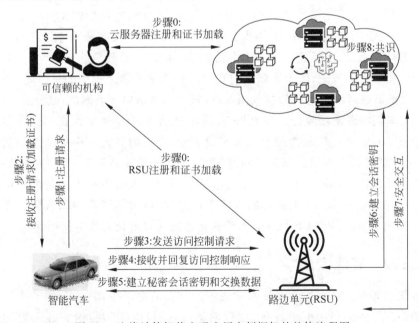

图 6-6　边缘计算智能交通应用实例框架的整体流程图

2）预防攻击的稳健性

下面介绍 PBSCF-ITS 对预防常见攻击的稳健性。

(1) **重放攻击**。重放攻击(replay attacks)又称重播攻击、回放攻击,是指攻击者发送一个目的主机已接收过的包来达到欺骗系统的目的,主要用于身份认证过程,破坏认证的正确性。随着智能汽车的普及,越来越多的攻击者尝试利用重放攻击绕过汽车认证系统,对智能汽车实施控制和攻击。例如,有研究人员披露了一个影响部分本田和讴歌车型的"重放攻击"漏洞,该漏洞允许附近的黑客解锁用户的汽车,甚至可以在很短的距离内启动它的引擎[116]。作者提出的 PBSCF-ITS,可以很好地预防重放攻击。PBSCF-ITS 使用三类信息,这些信息都是与新生成的时间戳和随机秘密一起计算的,它们在到达接收方时也会被验证。如果对手 A 试图重放旧信息,接收节点可以通过检查时间戳轻易地发现恶意事件。

(2) **中间人和冒名顶替攻击**。中间人攻击(man-in-the-middle attack)是一种"间接"的入侵攻击,这种攻击模式是通过各种技术手段将受入侵者控制的一台计算机虚拟放置在网络连接中的两台通信计算机之间,那么,这台计算机就称为"中间人"。在智能汽车中,攻击者通过伪基站、DNS 劫持等手段劫持通信会话,监听通信数据,一方面可以用于通信协议破解,另一方面也可以窃取汽车敏感数据。在PBSCF-ITS 中,系统设定攻击者在不知道原消息和密钥的情况下,想要伪造身份,就需要解决计算困难的椭圆曲线离散对数问题,这对于攻击者在多项式时间内是不可能的。因此,PBSCF-ITS 在通信过程中防止了中间人攻击。

(3) **临时密钥泄露和特权内部攻击**。在 PBSCF-ITS 中,若没有永久(长期)密钥,攻击者通过会话劫持攻击得到的短期密钥无法推测出长期密钥。一个有特权的内部用户无法计算会话密钥,因为在成功注册实体后,大部分敏感信息都会从数据库中删除。此外,会话密钥对每个会话都是不同的。这就意味着,即使一个特定会话中的会话密钥被破坏,未来和以前建立的会话密钥都是安全的。因此,PBSCF-ITS 可以抵御临时密钥泄露和特权内部攻击,并保持前向和后向的保密性。

(4) **车辆物理捕获攻击**。在 PBSCF-ITS 中,车辆的车载单元在其内存中存储交互信息。攻击者可以从物理上窃取车载单元,以提取其内存中的敏感信息。然而,每个车载单元中的信息都是不同的,存储在其他未被破坏的 OBU 中的凭证是唯一的和不同的,被破坏的车载单元的信息将不会对攻击者有太大帮助。用窃取的信息不能推导出其他未被破坏的智能车辆之间,以及智能车辆和云服务器之间的会话密钥。因此,PBSCF-ITS 对车辆的物理捕获攻击是有预防作用的。

6.5.2 智能家居

智能家居作为新兴物联网技术发展中最具有前途的应用,正受到工业界和学术界的广泛关注。利用电子设备(如智能手机、平板电脑和摄像头等)、智能电器(如电视、热水器、空调等)和传感器(温度传感器、光传感器、湿度传感器等)的高度连接性,智能家居主要通过分布式和协作式框架为住房用户提供创新、自动化和便捷的家庭服务。随着智能家居产品和功能的多样化,智能家居之间的网络变得越来越庞大,网络攻击的切入点也越来越广,为了保障住房用户的人身安全和隐私安全,为智能家居提供安全网络保护是非常重要的。由于居家环境包含重要的安全和隐私信息,智能家居需要满足严格的网络安全要求。然而,智能家居中大部分设备的硬件资源有限,传统有效的安全保护策略不能完全套用于智能家居场景,因此在智能家居场景下的安全保护策略仍然是一个值得深入研究的问题。

　　智能家居由众多属于不同应用领域的连接设备组成,这些设备的特点是具有异质的硬件和软件资源,并且它们支持不同的通信技术。通过共存、互动和相互合作,这些设备形成了一个分布式异构网络。图 6-7 是一个典型的智能家居场景,由许多属于不同应用的连接设备组成,它们之间使用不同的技术进行通信,并连接到网关/路由器,这些网关/路由器提供与外部网络的连接,如互联网。

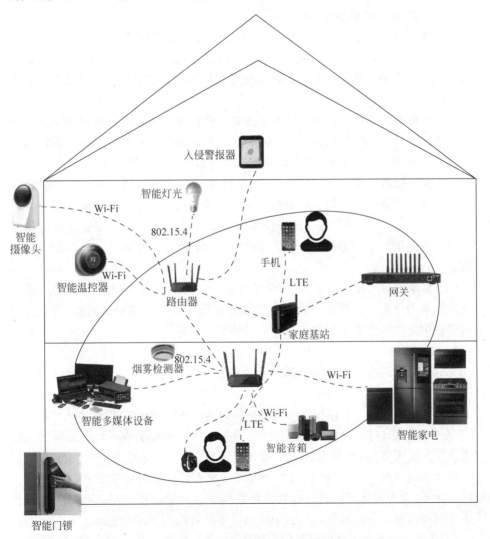

图 6-7　一个典型智能家居的例子

1) 安全挑战

Lee 等[117]研究了适合智能家居的现有解决方案所面临的安全挑战和威胁,目的是促进开发实用的解决方案来保护智能家居环境。由于家庭环境所包含的私人信息的重要性,智能家居需要非常严格的安全要求。作者介绍了智能家居中存在的主要挑战,这些挑战阻碍了在传统网络中使用标准安全机制。

(1) **资源限制**。根据表 6-1 中的数据,大多数智能家居设备被设计成低功率和小尺寸的,这限制了它们的计算能力和存储能力。安全机制算法,如 RSA 和 ECC,都需要非常密集的乘法指令来执行,而硬件资源有限的智能家居设备很难运行这些常见的加密算法。在文献[118]中,作者在一台具有 8MHz CPU、10kB 内存和48kB 程序存储器的传感器设备上测试了常见的安全机制算法,实验结果表明,当前的安全机制算法在小型传感器设备上是不可行的。

(2) **异质通信协议**。由于智能家居中的设备来自不同应用和不同的生产厂商,设备的通信协议不一致,设备与设备之间的连接通常需要借用中间网关,这对实施智能家居中的终端设备和互联网应用之间的端到端安全解决方案带来了重大限制。

(3) **不可靠的通信**。前面描述的大多数通信协议都不能保证数据包交付的可靠性。事实上,由于碰撞或高度拥挤的节点,数据包可能失败或被损坏。重传和错误处理算法需要高额的开销,这在低功率网络设备中是不能容忍的。

(4) **能源限制**。在智能家居场景中,有许多设备用电池供电,因此其通信、存储和计算的能源利用率有限。这会造成两个安全问题:一是能源限制使设备容易受到资源耗尽的攻击,这些攻击迫使设备持续工作,消耗能源;二是在这些设备中实施安全策略增加了计算、存储要求和通信开销,这都极大地消耗了设备的可用能源。

(5) **物理访问**。在智能家居中,设备可能一直处于无人看管的状态,容易成为被篡改的攻击目标。如果攻击者获得了智能家居中设备的物理访问权,则他可能会从设备中提取预先设定的加密密钥和其他敏感信息。

2) 安全威胁

无线网络的现有安全威胁及新的安全威胁都适用于智能家居,大致分为以下几类:

(1) **物理层攻击**。干扰和篡改是物理层的两个主要安全威胁。

① 干扰。它包括发射无线电信号,目的是干扰或破坏受害者设备的通信。有些无线干扰是无意的,而针对性的干扰则是有意的,并且集中在一个特定的目标上。在最坏的情况下,一个拥有强大干扰源的攻击者可以破坏受害者网络的整个通信。此外,攻击者还可以通过故意破坏目标设备的数据传输,使其反复重传,从而迅速消耗目标设备的资源,因此,干扰可能导致智能家居设备拒绝服务(DoS)。

② 篡改。给予攻击者对设备的物理访问权限,会引发其他众多攻击,包括恶

表 6-1　智能家居设备的规格

设 备 类 型	芯　片　组	主　频	内　存	闪　存	电　源	网 络 协 议
笔记本电脑	A7X 四核处理器	1.7GHz	2GB	128GB	电池	Wi-Fi、蓝牙、NFC
Nest 学习型温控器	ARM Cortex-A8	800MHz	512MB	2GB	电池	Wi-Fi(802.11)
Nest 烟雾探测器	ARM Cortex-M4	100MHz	128kB RAM	512kB	电池	Wi-Fi(802.11)
传感器设备	ARM Cortex-M0	48MHz	16kB RAM	128kB	电池	Wi-Fi、蓝牙、NFC
NETGEAR 路由器	BCM4709A	1.0GHz	256MB	128MB	交流电源	Wi-Fi(802.11)
三星智能电视	ARM Exonys SoC	1.3GHz	1GB	不适用	交流电源	Wi-Fi(802.11)
三星 SmartCam	GM8125 SoC	540MHz	不适用	64GB	交流电源	Wi-Fi(802.11)
智能摄像机	HISI 3516DV300	1.2GHz	512MB	4GB	电源	Wi-Fi(802.11)
智能插座	ESP8266	80MHz	32MB	1MB	电源	Wi-Fi(802.11)
智能烟雾报警器	STM32L151RDT6	32MHz	32kB	128kB	电池	ZigBee
智能门锁	STM32F107VCT6	72MHz	64kB	256kB	电池	ZigBee、Bluetooth

意代码注入、安全信息的窃取、仿造设备等。攻击者可以通过注入恶意代码来获取家庭网络中的重要隐私信息;还有可能通过连接到智能家居设备,从设备中提取安全信息,如文献[119]中提到的使用调试电缆成功提取一块智能电表的数据的案例;此外,恶意制造商可以复制真正设备的功能,包括硬件、软件和配置。安装在智能家居中的恶意设备可以运行恶意软件来操纵目标的真实设备,或降低其他设备的功能。在文献[120]中,作者介绍了他们成功入侵 iPhone 的情况,利用了一只恶意复制的充电器,将一段木马程序安装到设备软件中。

(2) **数据链路层攻击**。通常情况下,数据链路层代表了通信栈中最脆弱的一部分。下面介绍对数据链路层的主要攻击。

① KillerBee。这个框架提供了一套利用 ZigBee 和 IEEE 802.15.4 网络漏洞的工具。KillerBee 简化了狙击、流量注入、数据包解码和操纵,以及侦察和利用。使用 KillerBee 可以进行许多攻击,如 PANId 冲突、重放攻击、数据包捕获和网络密钥窃取等。

② GTS 攻击。保证时隙(GTS)攻击利用了 IEEE 802.15.4 超帧结构中的保证时隙机制的漏洞。Sokullu 等[121]认为,GTS 槽创造了一个脆弱点,可以允许攻击破坏设备和其协调者(网关)之间的通信。因此,攻击者可以获得分配的 GTS 时间,并能够在这些时间中的任何时刻制造干扰,这将导致设备间数据包的碰撞和损坏,并使目标节点反复重传数据包。

③ Back-off 操纵。这种攻击可能发生在基于 CSMA/CA 的网络中,如 IEEE 802.11 和 IEEE 802.15.4 网络。恶意设备利用分布式协调功能不断选择一个小的后退间隔进行争夺,不给受害者设备通信的机会。

④ ACK 攻击。对手可以通过窃听无线信道对目标智能家居环境实施 ACK 攻击。对手可能会阻止接收设备接收传输的数据包,然后,通过发送虚假的 ACK 来误导发送方设备,认为它来自接收设备。

(3) **传输层攻击**。尽管对其他领域的传输层协议的攻击,如泛滥和去同步化,理论上可以应用于智能家居网络中,但是目前没有关于对智能家居网络传输层的具体攻击的记录。

(4) **应用层攻击**。文献中已知的许多应用层攻击可能也适用于智能家居。例如,XMPPloit[122]是一个命令行攻击工具,用于攻击 XMPP 链接,利用 XMPP 协议的客户端和服务器端漏洞。XMPPloit 可以迫使智能家居客户端设备不对其通信进行加密,因此攻击者可以在其传输过程中读取和修改它们。

3) 安全要求

根据上面内容,作者提出智能家居中应具备以下安全要求:

(1) **用户认证**。在智能家居中,具有联网功能的设备需要软件更新、安全补丁和数据交换。这些操作都要由授权用户来执行,如果没有可靠的用户认证,智能家居设备将被完全暴露在攻击者面前。

（2）**设备认证**。智能家居中的设备是互联的，如果没有设备认证，那么恶意设备可以随意加入，就会导致整个智能家居设备暴露在攻击者面前，系统的安全性也被完全破坏。所以，设备之间要有严格的认证协议，要能识别智能家居网络中的合法设备和未授权设备的能力。

（3）**监控网络**。在智能家居中，不同的设备实体与网络相连，攻击者可以通过 DoS 来攻击智能家居网络。因此在网络中安装监控和入侵检测工具来检测网络入侵和报告流量异常是非常重要的。

（4）**物理保护**。众所周知，电子设备一般无人看管，所以容易受到篡改攻击。因此，物理保护是智能家居的重要要求之一。防篡改设备或防逆向工程方案将是防止篡改攻击的解决方案。

6.5.3　智慧医疗

智慧医疗是利用先进的网络、通信、计算机及数字技术，实现医疗信息的智能化采集、转换、存储、传输和后处理，以及各项医疗业务流程的数字化运作，从而实现患者与医务人员、医疗机构、医疗设备之间的互动，逐步达到医疗信息化。智慧医疗不仅仅是数字化医疗设备的简单集合，还是把当代计算机技术、通信及信息处理技术应用于整个医疗过程的一种新型的现代化医疗方式。智慧医疗不但能提高医院及医疗人员的工作效率，减少工作中的差错，还可以通过远程医疗、远程会诊等方式来解决医疗资源区域分配不均等问题。然而，随着医疗信息化进程的不断加速和网络安全等级保护 2.0 制度的施行，医疗数据安全这一领域也步入了新时代。医疗数据中包含了大量的个人隐私，一旦泄露将会造成严重后果。因此，智慧医疗系统的系统安全和数据安全是至关重要的，传统的数据安全策略已经不能满足智慧医疗系统对数据安全日益增长的需要，针对智慧医疗系统的数据安全策略正在被众多学者研究[123-126]。接下来我们详细介绍文献[121]中涉及的系统安全和数据安全部分。

作者提出的智慧医疗系统架构分为三个层面：

（1）传感器层，即边缘设备收集数据。

（2）网络协调器层，即多台连接的边缘设备向边缘服务器发送数据。

（3）决策层，即边缘计算层在短时间内处理数据，快速进行决策。

图 6-8 显示了拟提出的隐私保护模型的系统结构。在这个架构中，不同的任务中各个实体相互作用，如数据采集、数据聚合、存储和分析。下面先对每个实体进行描述。

（1）**智能用户**。智能用户可以是健康人、癌症患者、危重病人、医院病人、医生、护士、实验室技术人员等。生物传感器已经植入患者体内，用以捕获用户的生物信号，传感器被聚集在物联网设备中，收集的数据以加密的形式存储在云存储中。

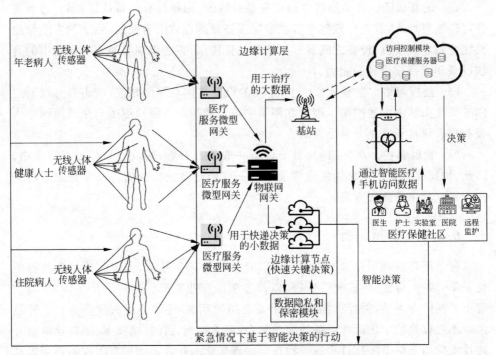

图 6-8 边缘计算智慧医疗的隐私保护应用实例

（2）**边缘网关**。这一智能设备负责对从智能用户社区收集的小数据进行远程处理。这些数据的本地诊断是为了控制智能设备，如心脏泵、氧气供应等。它还对数据进行加密，并将其存储在云存储中，以便后续进行更多的分析，并允许医生在治疗过程中访问。

（3）**数据库管理器**。该管理器主要负责数据的存储和查询处理。数据处理后的查询将从密钥生成器中搜索出加密密钥。

（4）**边缘服务器**。该服务器管理来自不同智能社区用户的所有数据资源，并将它们组织在不同的集群中，以加密的形式进行分析。

1）加密模型

加密模型是基于图 6-9 所示的场景构建的。该模型适用于有多个数据所有者和接收者的情况。一组身体传感器被部署在病人的身体上，感应到的数据被汇总到监测设备中。之后，会产生一个记录，称为病人健康信息（patient health information，PHI）。该 PHI 在病人的医疗手机中生成，并以加密的形式外包给云端。在将其储存在云端之前，它先进入一个可信的第三方（边缘服务器），并进行以下操作（这里假设所有的数据都是文本格式）：

① 属性中心，通过熵计算来设置属性的值。根据属性的值，它们被优先排序，并且为每个属性分配一个预定义的值。

② 密钥生成器，将根据一些参数值来计算数据的密钥。这些数值存储于 PHI

中,并且根据设定的两个数值,生成一个密钥。

③ 查询处理器,将负责查询处理。当任何接收者想要访问特定患者的 PHI 时,他/她将向服务提供商发送带有患者 ID 和其他详细信息的查询。查询处理器将处理查询并生成值作为令牌。密钥生成器将搜索到的 PHI 密钥,通过盲令牌发送给接收方。最后,接收者只能在 PHI 中获取他们需要的那些属性的数据。由于隐私政策,其他属性的值保持关闭。

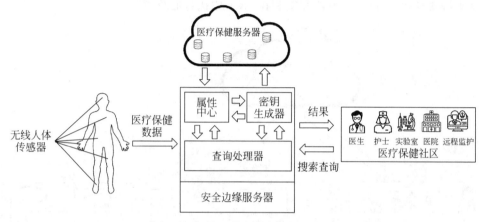

图 6-9　智慧医疗应用实例加密模型

2) 访问控制模型

访问控制系统(access control system,ACS)用于保护系统和资源不受未经授权方的影响。访问控制系统检查和决定访问权限,以便在医疗场景中允许或拒绝给定主体的访问。允许和拒绝是基于访问环境和条件集的明确的访问控制政策。在收到访问请求后,该模块将评估当前的访问环境和准则,以决定收到的访问请求。图 6-10 显示了在基于边缘计算的智慧医疗中提议的访问控制模块。

(1) 政策决定点(policy decision point,PDP)。PDP 是 ACS 的核心模块,负责访问请求的决策。它从 PEP 那里重新接收用户的访问请求,并将其传递给 PIP 和 PAP 进行进一步评估。基于 PIP 的评估结果和 PAP 的授权策略,它以授予、拒绝和不适用的形式给出访问决定。

(2) 策略执行点(policy enforcement point,PEP)。PEP 是用户可以提交访问受保护资源的请求的地方。这是一个最初的访问界面,以一组证书和属性的形式收集用户的请求。它能够触发访问决策结果,负责将用户的请求转移到 PDP,并将PDP 产生的响应传递给用户。

(3) 属性管理器(attribute managers,AMS)。AMS 作为一个管理者,管理和存储主体、资源、环境的属性信息,并允许 ACS 在决策过程中访问这些信息。AMS 只管理与授权相关的属性。

(4) 政策信息点(policy information point,PIP)。PIP 为 ACS 提供了一个接

口,获取当前交互用户的最新属性值。PIP 收集由 AMS 管理和存储的所有属性信息。保留的属性信息被用于评估授权策略。PIP 将评估后的结果传递给 PDP,用于决策过程。

(5) 政策管理点(policy administration point,PAP)。PAP 是一个授权政策库,负责管理和制作政策,在主体、对象、环境背景(地点和时间)和条件集方面都有规定。它的主要功能是在评估访问请求时提供必要的更新访问策略。PAP 也可以支持政策制定者创建、修改和安装在 ACS 中执行的政策。

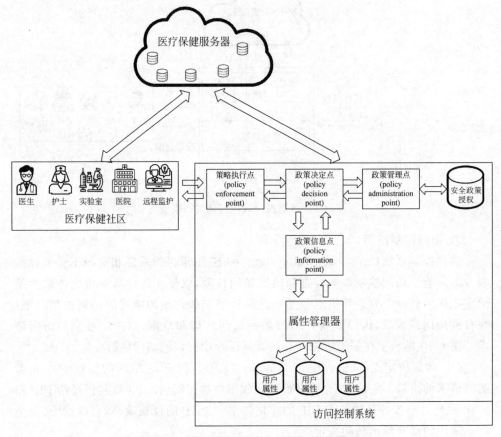

图 6-10　智慧医疗应用实例访问控制模型

6.6　本章小结

本章分别从系统安全问题分析、系统安全威胁因子、系统安全机制及数据安全和隐私保护四个方面来阐述如何对边缘计算的系统安全和数据隐私进行保护,最后介绍了在具体的智能交通、智能家居、智慧医疗系统中的应用实例。

思考题

6.1　边缘计算节点有哪些特性？

6.2　边缘计算场景中有哪些攻击分类？

6.3　边缘计算系统安全威胁因子有哪些？

6.4　边缘计算系统安全机制有哪些？

6.5　边缘计算数据安全有哪些保护机制？

6.6　边缘计算隐私保护有哪些解决方案？

6.7　举例说明日常生活中还有哪些边缘计算应用。试介绍其中一个应用的数据安全和隐私保护策略。

练习题

6.1　尝试画出边缘计算场景中的 DDos 攻击示意图。

6.2　总结在日常生活中使用边缘计算应用时，应注意在哪几个方面保护个人数据隐私？

第7章

边缘计算与大数据

在当今数字时代,物联网智能设备大量涌现,大量传感器和智能设备产生了海量数据,面对物联网数据量的爆发,云计算的弊端逐渐凸显,例如,计算需求出现爆发式增长,传统云计算架构将不能满足如此庞大的计算需求,物联网数据被终端采集后要先传输至云计算中心,再通过集群计算后返回结果,这必然出现较长的响应时间等问题。因此,边缘计算与云计算协同处理大数据使物联终端设备产生的数据无须再传输至遥远的云数据中心处理,而是就近在网络边缘侧完成数据分析和处理,提供边缘智能服务,使得数据计算更加高效和安全。本章先对大数据进行概述,然后对边缘计算与大数据处理技术进行详细分析,最后结合具体应用场景分析边缘计算大数据的处理问题。

7.1 大数据概述

7.1.1 大数据的定义与特征

大数据是指无法在一定时间范围内用常规软件工具进行捕捉、管理和处理的各种渠道的数据集合。大数据需要特殊的技术从海量的数据中提取有用的信息,适用于大数据的技术包括大规模并行处理数据库、数据挖掘、分布式文件系统、分布式数据库、云计算平台、互联网和可扩展的存储系统。大数据平台可以通过运算、归类、整理等方法合理运用这些数据,进而优化数据管理。大数据的基本特征有:

(1) **规模性**。随着互联网、物联网、移动互联等技术的发展,数据呈现出爆发性增长。大数据中数据量的存储单位,不再以 GB 或 TB 来衡量,而是以 PB(约1000 个 TB)、EB(约 100 万个 TB)或 ZB(约 10 亿个 TB)作为计量单位。

(2) **高速性**。数据的增长速度和处理速度是大数据高速性的重要体现。在大数据时代,大数据的交换和传播主要是通过互联网和云计算等方式实现的,其生产和传播数据的速度非常迅速。另外,大数据还要求处理数据的响应速度快,实时分析而非批量分析,数据输入、处理与丢弃立刻见效,几乎无延迟。

(3) **多样性**。数据类型多样性主要体现在数据来源多、数据类型多和数据之间关联性强三个方面。现在的数据类型来源广泛,包括:结构化数据,如财务系统数据、信息管理系统数据、医疗系统数据等,其特点是数据间因果关系强;非结构化数据,如视频、图片、音频等,其特点是数据间没有因果关系;半结构化数据,如HTML文档、邮件、网页等,其特点是数据间的因果关系弱。

(4) **价值性**。大数据的核心特征是价值,其背后潜藏的价值巨大。由于大数据中有价值的数据所占的比例很小,而大数据真正的价值体现在从大量不相关的各种类型的数据中提取有价值的信息。所以从大数据中获取潜在价值的数据,可以为社会和经济发展提供决策策略,抢占时代发展的前沿。

7.1.2　大数据分析方法理论

越来越多的应用涉及大数据,其中数量、速度、多样性等属性显示了大数据的复杂性。因此,大数据的分析方法在大数据领域尤为重要,可以说是确定最终信息是否有价值的决定性因素。大数据常用的分析方法有可视化分析、数据挖掘算法、预测性分析、数据质量和数据管理。大数据技术是从各种类型的数据中快速获取有价值的信息的技术。大数据领域出现的大量的新技术已经成为大数据收集、存储、处理和呈现的有力武器。大数据处理的关键技术一般包括大数据采集、大数据导入与预处理、统计分析和挖掘等。大数据分析普遍使用的方法理论有:

(1) **可视化分析**。大数据分析的使用者有普通用户与大数据分析专家,两者对于大数据分析最基本的要求都是可视化分析。而大数据可视化是通过对大数据进行获取、清洗、分析,将所示分析结果通过图形、图标等形式展示出来的一个过程。这样能够直观地展示大数据的特点,如同看图说话一样简单明了。

(2) **数据挖掘算法**。数据挖掘算法是大数据分析的理论核心,使用计算机工具从海量数据中挖掘出有价值的模式和规律,并用这些模式和规律去预测和指导未来的行为。在当今的互联网背景下,最常用的数据挖掘算法有频繁模式挖掘、聚类分析、决策树和贝叶斯网络等,各种数据挖掘的算法基于不同的数据类型和格式,快速地处理大数据,科学地呈现出数据本身所具备的特点。

(3) **预测性分析**。预测性分析可以让分析员根据可视化分析和数据挖掘的结果做出一些预测性的判断。大数据分析最终要实现的应用领域之一就是预测性分析,可视化分析和数据挖掘都是前期铺垫工作,只要在大数据中挖掘出信息的特点与联系,就可以建立科学的数据模型,在模型中代入新的数据,就可以预测未来的数据。

(4) **语义引擎**。非结构化数据给多元化数据分析带来了新的挑战,语义引擎需要具备人工智能,经过为已有数据添加语义的操作,便可以从数据中主动提取信息。

（5）**数据质量和数据管理**。大数据分析离不开数据质量管理,数据质量管理是循环管理过程,其终极目标是通过可靠的数据提升数据在使用中的价值,为学术研究及商业领域提供分析结果的真实性和可用性。

随着 5G 和物联网的发展,各类数据爆发式增长,数据质量问题及光速产生的时延问题对算力带来了更高的要求。例如,物联网具有海量节点,除了人和服务器外,物品、设备、传感网等都是物联网的组成节点,其数量规模和数据生成频率远大于互联网,每天产生的数据源源不断,大量分散的计算基础设施和边缘资源在数据分析应用中得不到充分利用;此外,因需要实时访问、控制相应的节点和设备,物联网对数据的传输速率要求更高。因此,越来越多的计算、存储、网络、分析和其他资源逐渐向边缘设备转移,为此,边缘计算受到了空前关注。

7.2 边缘计算与大数据处理

在边缘计算中,边缘计算层具有大量的网络边缘节点,可以是智能终端设备,如智能手机、平板电脑等,也可以是网络设备,如网关、路由器等。这些边缘节点广泛部署在终端设备和云之间,可以为接收到的数据提供边缘计算、存储和网络服务。相较于云计算,边缘计算处理数据有明显的优势:

（1）更靠近终端设备,传输更安全。可以实时或更快地进行数据处理和分析,让数据处理更靠近源端,可以缩短延迟时间,处理数据更及时。

（2）降低经费预算。例如,企业将服务器放置于本地建设的边缘计算数据中心,用户在数据处理上所耗费的成本将大大低于云计算数据中心的数据处理成本。

（3）减少网络流量。边缘计算把一部分计算任务从云端卸载到边缘之后,将降低网络传输和多级转发过程中的损耗。

随着 5G 物联网时代的到来,集中式云已经无法满足设备终端侧"大连接,低时延,大带宽"的应用需求。将网络计算、存储、智能化数据分析等工作放在物联网边缘设备端处理,边缘计算通过利用在数据源和云中心路径之间的计算、存储和网络等资源进行计算,边缘计算的节点在地理距离和网络距离上都更靠近用户,能够更好地支持实时性要求高的应用。边缘计算作为连接云中心和数据源的枢纽,其下行数据表示云服务,上行数据表示万物互联服务。

此外,边缘计算既靠近执行单元,又是云端高价值数据所需的采集和初步处理单元,可以更好地支撑云端应用,而云计算通过大数据分析优化输出的业务规则可以下发到边缘侧,边缘侧基于云端新的业务规则或模型进行本地计算。在边缘云协同中,边缘端负责在本地范围内的数据计算和存储工作,云端负责大数据的分析挖掘和算法训练升级,可以更好地满足各种需求场景的匹配,增加边缘计算和云计算的应用价值。

云计算和边缘计算并不是对立的关系,边缘计算是云计算的延伸,二者相依而生、协同运作。边缘计算可以缓解数据中心的带宽压力和计算压力,云中心可以为边缘计算提供服务。大数据处理的研究趋势是将边缘计算和云计算通过云边协同的方式结合起来,形成一种新的数据计算范式。下面给出三种边缘/云计算大数据处理技术理论:

1) 边缘-云计算与数据挖掘

当今信息科技的进步与网络的发达使各行各业积累的数据呈爆炸式增长,如何从海量数据中挖掘潜在的有价值和有用的信息成为热点。数据挖掘是从海量未知的、隐藏的数据中获取有效知识的过程,根据业务类型及数据特点选择相应的算法,从数据中获取知识并提供决策支持等。由于受到网络宽带和网络延时等方面的限制,以云计算为基础的数据处理方法不能满足物联网实时性的要求,并且将用户数据传输到云计算中心增加了用户隐私泄露的风险,而边缘计算是在靠近物或数据源头的网络边缘侧,边缘数据中心是数据的第一入口,属于小型、微型边缘数据中心,所以可以把数据挖掘任务部分地从云端卸载到物联网的边缘端进行数据处理[128]。

2) 边缘-云计算与机器学习

各行业对数据分析需求的大量增加,使其迫切需要一种能从海量数据中自动分析、预测并获取新的知识的技术。而机器学习专门研究计算机怎样模拟或实现人类的学习行为,以获取新的知识或技能,并重新组织已有的知识结构使之不断改善自身性能的技术。在大数据的基础上训练机器学习算法,可充分挖掘数据中的模式,利用数据的价值。通过监督、半监督、无监督、强化学习的学习模型,运用深度或非深度的方式,学习数据中的模式,并应用到预测、分类、聚类、降维、异常检测、视频分析、故障追溯等任务中,完成单靠人力很难完成的任务。云计算与机器学习算法已能很好地结合大数据的优势,训练出更加精确的模型[129]。边缘云技术融合机器学习协同处理大数据,可以从当前环境中接收传感数据并将数据推送至边缘端,边缘端作为实时数据存储和处理中心,根据需求评估是否将实际数据上传到云端,云端与边缘端实时交互,为边缘节点提供所需的训练模型,满足传感数据响应的实时性和网络的低负载需求。此外,将边缘侧训练推理的隐私数据存储在本地可信的边缘服务器,可以减少隐私暴露和安全攻击。

3) 边缘-云计算与联邦学习

随着物联网设备的激增,其收集的数据上传至云计算中心会造成网络延迟、计算资源浪费等问题。为了解决上述问题,边缘计算作为新的计算范式应运而生,但也面临用户隐私、数据安全等诸多挑战。尤其是在模型训练的时候需要大量数据,而实际应用中的数据是小"数据孤岛",聚合数据孤岛受严格的法律限制和社会道德规范,如何解决问题是一项重大挑战。联邦学习作为时下的热点人工智能技术,可以解决隐私数据及"数据孤岛"问题,将联邦学习应用在边缘计算领域能够有效地处理隐私数据等难题。联邦学习又称为联邦机器学习,是在满足数据隐私、安全和监管要求的前提下,避免非授权的数据扩散及进行机器学习建模。联邦学习具有保护数据隐私的特点,在符合法律法规和道德要求的前提下成为解决上述问题的新技术[130]。联邦学习是分布式机器学习的一种方法,它不需要共享数据就可以进行协作训练。共同参与训练的设备通过网络通信与边缘服务器共享模型参数,共同训练一个全局模型。联邦学习使边缘计算适用于安全性要求更高的场景,而边缘计算可以优化联邦学习的模型建模、通信传输等。因此,联邦学习可以和边缘计算相结合发挥出更强大的作用[131]。

7.3 边缘计算大数据处理应用场景

7.3.1 智能交通

早期车厂通过车联网平台为车主提供车载信息服务,但是随着车联网的快速发展,用户数量迅速增多,逐渐形成了车联网大数据平台,将车辆的历史数据进行大数据分析,可以为第三方提供商业服务或者为政府和公众提供公益服务。目前,车联网数据平台根据其应用行业,可以分为交通行业数据平台,交管行业数据平台,通信行业数据平台,整车制造企业数据平台,设备制造行业、示范区数据平台,科技企业数据平台等。百度、华为、阿里、滴滴等科技企业同国内外的车企、运营商等相关合作伙伴已经对车联网基础数据平台进行了研究和探索。

华为云车联网解决方案依托端边云优势,提供包括 IoT、大数据分析及安全管理等服务,面向汽车行业提供场景化解决方案,助力行业数字化转型,让人车生活更智能。图 7-1 是华为云旗下的城市级智慧园区停车解决方案,该业务是关注车辆进入园区后进行的车辆管理工作,主要包括车辆信息(车牌、使用者、车型等)、

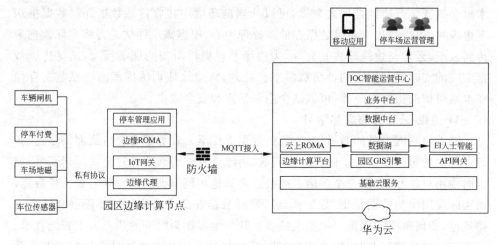

图 7-1 智慧园区停车解决方案

RFID 远距离卡、人员识别、车位数据等静态数据的获取,同时也包括车辆实时进出信息、车位使用率信息和停车缴费等动态数据的获取;园区运营者需要根据实时数据即静态数据结合动态数据,对进出园区的车辆进行管理和分析。

在该方案中,智慧停车系统运行的基础设施配备车辆闸机、监控摄像机、缴费机、车牌识别一体机等设备,采用地磁车位检测、RFID 智能停车管理等技术,通过边缘节点的数据采集,就近接入边缘节点,从而实现设备的管理、智能控制、数据治理。接下来园区边缘计算节点通过部署在网关上或者服务器,实现设备数据的采集、预处理、数据流转、路由转发,同时边缘侧提供应用托管、边缘计算等功能,方便停车业务本地处理、业务扩展。最后,边缘端与华为云平台之间进行实时消息转换,云端控制台具备对边缘节点监控管理、通过云边协同通道下发配置、执行应用远程部署升级、数据路由转发云上等能力。此外,华为云平台提供的服务支持数据的接入、存储、处理、交换等,能够实现停车业务管理、监控调度、运维管理等平台管理类功能,并最终为停车场运营管理者等终端用户提供停车服务和平台管理等客户端功能。

当前部分城市停车信息的准确率不算高,但是通过云边端的方案架构,可以实现停车信息的实时采集,为停车场运营管理者及用户停车提供更为准确的停车信息,而大数据、数据可视化等服务又可以提供丰富的停车类应用,实现停车服务精细化报表,打造全方位端到端的智慧停车解决方案。

7.3.2　智慧医疗

根据国家智慧医院的评级标准,医疗机构要围绕着智慧医疗、智慧服务和智慧运营三个方面展开医疗服务和信息化能力建设。在传统的医疗机构信息化系统中,数据处理和存储系统一般采用"孤岛式"部署方案,不同系统的数据由各自的数据库进行存储,并通过内网或者互联网进行数据交互,在这种模式下,当同步数据规模较大时,可能会因为网络带宽受限而影响效率。面对医疗行业发展的新需求,"云边协同"架构的使用为数据利用效率的提升提供了更优机制。同时,越来越多的医疗机构也着眼长远发展,把数据从传统的数据中心转移到更加可靠、安全和性价比更好的云端病历存储库中,并通过灵活的边缘应用提升数据共享水平和使用效率。

图 7-2 是基于云边协同重构的医疗机构信息化系统架构[132],可通过云端部署的调度管理系统对各系统数据的交互协同请求进行统一存储和处理。图中的边缘节点通常位于医疗机构部署的边缘服务器,或者由运营商提供的边缘云和边缘网络中。利用边缘节点部署的强劲算力及靠近数据源的优势,边缘侧通常可以承担海量数据预处理、数据实时分析、AI 模型推理预测、多方安全协作所需的隐私计算等工作负载,并通过互联网与远端的各类云服务器连接。部署在远端的各类中心云服务则通常拥有海量数据处理,模型训练等所需的大规模算力,在安全性和可靠

性上也更具优势。因此中心云与边缘之间可以分别利用各自的优势来承载智能化、数字化医疗体系的不同需求。这样的架构带来的优势有：

（1）云边协同模式集中化的数据存储有利于数据共享和分发，提升数据利用效率。

（2）为避免火灾、地震或断电等意外事故，基于云端部署的系统可以方便地采用多地容灾方案，数据存储安全更有保障。

（3）通过云边协同的方式，便于数据分层架构的设计和部署，让热数据性能更优、冷数据规模更大，使数据存储系统真正成为公共健康管理的数据中枢。

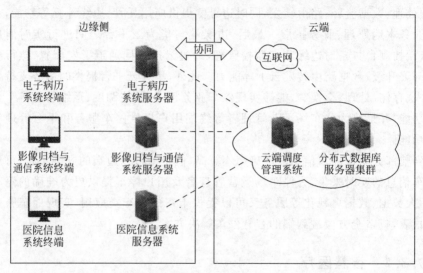

图 7-2　基于云边协同重构的医疗机构信息化系统架构

7.4　本章小结

本章分别从大数据的定义与特征、边缘计算与大数据处理、边缘云协同与大数据等方面来阐述边缘计算与大数据，最后介绍了在具体的智能交通、智慧医疗中的应用实例。

思考题

如何使物联网智能设备数据处理既能把握整体并关注局部，在保证数据高速处理的同时，又能实现数据传送的高效安全？

练习题

7.1　相较于云计算，边缘计算处理数据有哪些明显的优势？

7.2　边缘云计算是如何协同处理大数据的？

7.3　目前的边缘云计算大数据处理技术理论有哪些？

第8章

边缘计算与其他前沿技术

边缘计算作为一种把计算、存储、网络资源设施环境迁移到网络边缘的技术,正在与区块链、机器学习、网络通信、元宇宙、智能感知等技术深度融合,共同推动计算、通信和业务流程的去中心化,成为推动各行各业数字化、网络化、智能化升级转型的重要引擎。边缘计算通过优化终端布局和算力布局,实现各个领域近乎实时的数据处理和应用分发,在保障本地数据安全性和隐私性的同时,也保证用户需求响应的实时、高效与节能。

8.1 边缘计算与区块链

区块链在未来的应用场景包括海量设备连接的智慧城市应用、车联网、物联网等场景,以去中心化、防篡改和匿名性等特性为移动边缘计算系统提供了新的计算框架和可信计算范式,新的计算范式将在边缘设备注册、数据存储、服务和资源管理等方面进一步夯实边缘计算的发展[44,133-134]。

基于区块链技术的物联网设备到设备认证协议将广泛应用于边缘设备的注册,该技术支持不涉及网关节点情况下确保物联网设备身份的真实性,避免管理中心单点故障和内部攻击产生的设备注册问题。

区块链技术支持跨域/泛中心网络的分布式信任,避免地理分散节点间的身份相互验证和多智能体联合决策所引致的可靠性问题;与此同时,区块链技术支持按需扩展系统容量,进而提升系统的可用性。

融合 MEC 和区块链技术形成的网络支持服务应用的联邦学习,在车联网场景下,基于共识机制与激励机制对边缘节点的模型参数进行共享和交互。MEC 节点生成局部模型并将参数以块的方式存储到特定分类账本上,借助联邦学习来提高边缘节点训练本地数据共享模型参数,而区块链作为账本技术,通过全局迭代局部模型参数实现本地模型的更新汇聚,实现分散边缘服务器的高效整合。

区块链技术以中心化的方式可信地存储与资源分配相关的关键信息,资源提供者可以根据区块链上记录的相关信息验证来自其他参与者资源访问请求的合法性,以避免参与者对资源的非法访问和过度使用,实现了资源分配控制权的下放。

8.2 边缘计算与机器学习

随着各种移动互联网、物联网应用的蓬勃发展,数据流量向边缘网络转移负载以提升网络资源的访问性能[135]。用户请求模式多变性和万物互联多模态间存在频繁的交互导致传统机器学习计算范式难以有效应对模型在线更新的需求,为了实现边缘节点模型的在线实时更新,一些广泛应用于边缘计算的深度学习模型被提出来,包括受限玻尔兹曼机(restricted boltzmann machine,RBM)、自动编码器深度神经网络(deep neural network,DNN)、卷积神经网络(convectional neural network,CNN)、递归神经网络(recurrent neural network,RNN)、深度强化学习(deep reinforcement learning,DRL)和联邦学习(federated learning,FL)等,形成了新型的计算范式[136-137]。其中,受限玻尔兹曼机、自动编码器深度神经网络和卷积神经网络在边缘计算领域用于对业务数据特征进行自适应提取;而递归神经网络、深度强化学习和联邦学习则用于业务的预测与自适应模型的构建。

边缘计算逐渐与机器学习集成人工智能(artificial intelligence,AI)形成边缘智能,并将边缘智能内嵌到边缘设备中,使边缘设备变得越来越聪明:边缘计算与机器学习进行深度融合,为设备提供更加智能的服务;采用多任务学习形成边缘计算的推理方法,满足业务预测的需求;采用多视角和跨模态学习的方法构建自适应学习系统,让系统能够自适应捕捉数据的潜在特征,以适应不断变化的环境;机器学习与边缘计算催生了更加先进的学习技术——边缘缓存,其能够捕捉数据隐藏的时空关系,降低业务的响应时延。除此之外,边缘学习利用其分布式的服务器感知不同区域的业务特征,融合联邦学习和深度强化学习形成多智能体参与的多智能体强化学习,在多智能体的协作与数据交互作用下,依靠多智能体强大的学习和推理能力,形成模型推理和应用程序增强等应用,实现业务的自动化决策和智能的数据分析[138]。

8.3 边缘计算与新一代网络关键技术

新一代网络强调 SDN/NFV 化、云网融合、云边协同等技术,推动了边缘计算与新一代网络的深度融合[139-140]。

SDN 的架构以算力多层次灵活部署为核心,通过将算力下沉到用户侧形成移动边缘计算技术,满足业务低时延、敏捷性和移动性的需求,为用户提供优质的服务。车联网基于 SDN 的资源管理策略,引入 SDN 控制器试图获取整个车联网的资源,结合当前服务器的运行状态将车辆的任务卸载到边缘服务器端,以满足新兴业务的低时延和高可靠性要求。基于 SDN 的工业互联网动态资源管理,不仅能够减少边缘服务器与云处理中心的网络能耗,还能处理多层多址边缘云环境产生的网络拥塞问题。

NFV 的网络架构通过边缘计算节点的感知能力,采用边缘智能的方法实现虚拟网元的资源管理和业务配置,优化新一代网络的资源调度策略和业务管理策略,增加网络资源的扩展性和资源的动态弹性管理。该技术将在智能工厂、智能家居、自动驾驶、工业互联网、智能农业、安全监控等诸多应用领域占有一席之地,其依靠强大的网络功能虚拟化技术实现新一代网络的高效部署和端到端的服务编排。

云网融合重构新一代网络数据传输的架构,借助边缘计算将原有的计算、内容、带宽云计算三维元素拓展到计算、内容、带宽和时延四维元素,降低移动业务的传输时延。新一代网络技术与 MEC 融合形成算力无处不在的新格局,开创以网络为价值中心、算网一体的新局面。

云边协同架构通过分布式的边缘计算服务器为用户提供超低时延的大带宽服务,从而降低用户业务对核心网和传输网络的依赖,为移动终端和云服务中心的联系提供了更可靠、更低时延和更便捷的服务。在未来,新一代网络无线接入点分布广泛、资源异构性高、用户需求动态性强,在云边协同下计算与存储的高效融合将会实现数据感、存、算的认知与决策,形成云边协同架构下的智能计算与数据共享。

8.4　边缘计算与节能环保

新一代的网络技术尽管提升了能源利用的效率,但是由于其利用超低时延和超高速率来提升用户的体验,因此整个系统的功耗将比传统网络高得多。边缘计算通过其强大的感知网络业务的功能,能够精准感知每一个区域用户业务量的时空分布并构建各个区域的潮汐效应模型。在用户业务量很小的时候,边缘计算将节能管理精细到每一个 RRU(remote radio unit)端,通过采取休眠降能耗的方法达到最大化的节能效果,加强运营商碳排放管理工作,全面贯彻国家的"碳达峰""碳中和"重大决策部署[141]。

除此之外,无源边缘节点的兴起及超低功耗边缘智能技术正在推动边缘计算与节能环保的深度融合[142]。无源边缘节点通过采集网络侧发射过来的无线电波捕捉和收集能量,从而实现物联网边缘节点对数据的感知、传输与分布式计算。超低功耗边缘智能技术用于各种动态性强的监测型场景,借助环境中的微光能发电,使得各种监测环境的终端具有持久的续航能力,成就物联网的智能新生态。

8.5　边缘计算与元宇宙

元宇宙的基本逻辑是将物理世界的对象和现象变成仿真模型并放到虚拟空间中。边缘计算是推动元宇宙发展的关键所在,边缘计算作为靠近数据源的一侧,其可以为元宇宙的设备提供高质量的交互体验。边缘计算作为融合网络、计算、存储、应用核心能力的开放平台,其核心是将计算任务从云计算中心迁移到产生源数据的边缘设备上。而元宇宙对算力和时延提出极高的要求,因此,针对元宇宙对实时内容进行有效的互动,目前需要重构边缘计算的模型,才能成为赋能未来元宇宙的利器。

　　除此之外,边缘智能传感技术的快速发展也会进一步拓展元宇宙的使用场景。面向 ARM＋、Linux＋等平台的嵌入式 AI 算法移植技术将广泛用于嵌入式智能传感器,大大减少海量数据对边缘计算节点的压力,提升海量数据处理的时延。另外,智能终端的边缘协同技术不仅能够实现终端和云端的分级智能分析,还能实现智能分析的芯片级负载调度,实现海量多维数据的秒级检索与知识发掘,满足元宇宙相关应用的高效交互。

8.6　边缘计算与智能服务

　　边缘计算从云计算发展而来,旨在为最终用户提供灵活性更高、时延性更短、可靠性更高的智能服务。智能服务可进一步通过边缘计算服务器共享数据处理策略、边缘缓存策略、全局自感知机制、智能推理引擎、分布式训练满足海量数据场景下敏捷连接、执行业务、数据优化、应用智能等需求[143-144]。

　　智能服务在未来的典型应用场景包括视频分析、4K/8K、虚拟现实(virtual reality,VR)/增强现实(augmented reality,AR)技术、自动驾驶、人工智能物联网(artificial intelligence＋internet of things,AIoT)、远程控制、3D 全息、工业视觉识别等,终端侧产生海量的数据需要边缘计算具备越来越高的网络分析和网络运维能力。智能服务在对实际场景数据深入分析的基础上,采用服务器协同的方式不停地迭代完善模型,然后通过共享的方式来处理底层数据,以此来扩展底层的数据处理能力[145-146]。

　　在 4K/8K、VR/AR 和 3D 全息场景下用户发出频繁请求时,边缘节点基于业务感知的能力采用基于边缘缓存策略的本地化快速建立场景和环境方案,避免重复使用网络传输资源,同时提高用户体验。

　　在 AIoT 场景下,信息资源时空分布不均衡是常见的现象,为了有效支撑边缘节点对信息的细粒度感知,通常采用局部群智感知和信息有效传播等手段对局部感知进行动态融合,以提升全局群智感知的能力。

　　在产品质量监测等工业视觉识别场景下,为了提升工业视觉识别的精度和速度,通常采用边缘推理、云端训练,通过迭代训练构建智能推理引擎,形成工业视觉领域的智能服务。

　　在海量视频分析场景下,基于分布式训练框架,通过信息交换的方式对各层边缘节点训练的局部模型进行迭代训练以实现全局模型快速收敛,避免单个节点计算量不足的问题,增强边缘节点的处理性能,大大提升了视频分析服务的速度和精度。

8.7 本章小结

边缘计算开创了万物互联时代的新型计算范式,绕过网络宽带和延迟的瓶颈将数据放在靠近源头附近的服务器中进行高效处理,为用户带来了各种智能服务。除此之外,边缘计算与区块链、机器学习、新一代网络等关键技术进行融合,提升了边缘设备的控制能力、学习推理能力及数据共享能力。未来,边缘设备处理将应用于传统的智能制造、电力、自动驾驶、智慧家居等场景,还将更广泛地运用于节能环保和元宇宙等领域。边缘计算不仅为上述应用带来了快捷便利的数据服务,还衍生出智能终端的边缘协同技术,该技术将边缘计算完全集成到运营设备中(比如网关),结合边缘终端提供的智能感知和智能分析能力,实现应用的自动化,形成了一种以边缘驱动运营设备的新理念。

思考题

8.1 边缘计算与区块链如何结合起来?

8.2 边缘计算与元宇宙如何结合起来?

练习题

思考一下,还有其他前沿技术可以与边缘计算结合起来? 并给出理由。

参 考 文 献

[1] Cisco annual Internet report-cisco[EB/OL]. [2022-11-02]https://www.cisco.com/c/en/us/
solutions/executive-perspectives/annual-internet-report/index.html.(Accessed on 11/02/2022).

[2] AGIWAL M, ROY A, SAXENA N. Next generation 5G wireless networks: A comprehensive
survey[J]. IEEE Communications Surveys & Tutorials, 2016, 18(3): 1617-1655.

[3] QI Q, TAO F. A smart manufacturing service system based on edge computing, fog
computing, and cloud computing[J]. IEEE Access, 2019, 7: 86769-86777.

[4] ATLAM H F, WALTERS R J, WILLS G B. Fog computing and the internet of things: A
review[J]. Big data and cognitive computing, 2018, 2(2): 10.

[5] BONOMI F, MILITO R, ZHU J, et al. Fog computing and its role in the internet of things
[C]//Proceedings of the first edition of the MCC workshop on Mobile cloud computing.
[S.l.: s.n.], 2012: 13-16.

[6] LI H, SHOU G, HU Y, et al. Mobile edge computing: Progress and challenges[C]//2016
4th IEEE international conference on mobile cloud computing, services, and engineering
(MobileCloud). [S.l.: s.n.], 2016: 83-84.

[7] MEHRABI M, YOU D, LATZKO V, et al. Device-enhanced MEC: Multi-access edge
computing (MEC) aided by end device computation and caching: A survey[J]. IEEE
Access, 2019, 7: 166079-166108.

[8] SATYANARAYANAN M. Edge computing[J]. Computer, 2017, 50(10): 36-38.

[9] YI S, LI C, LI Q. A survey of fog computing: concepts, applications and issues[C]//
Proceedings of the 2015 workshop on mobile big data. [S.l.: s.n.], 2015: 37-42.

[10] 边缘计算产业联盟白皮书-边缘计算产业联盟[EB/OL]. (2016-11-30)[2022-11-02]http://
www.ecconsortium.org/Lists/show/id/32.html.

[11] KEKKI S, FEATHERSTONE W, FANG Y, et al. MEC in 5G networks[J]. ETSI white
paper, 2018, 28(28): 1-28.

[12] ZHANG J, CHEN B, ZHAO Y, et al. Data security and privacy-preserving in edge
computing paradigm: Survey and open issues[J]. IEEE access, 2018, 6: 18209-18237.

[13] 王凯, 王静. 工业互联网边缘计算技术发展与行业需求分析[J]. 中国仪器仪表, 2019, 10:
67-72.

[14] 李辉, 李秀华, 熊庆宇, 等. 边缘计算助力工业互联网: 架构、应用与挑战[J]. 计算机科学,
2021, 48(1): 1-10.

[15] Worldwide edge spending guide[EB/OL]. [2022-11-02]https://www.idc.com/getdoc.
jsp?containerId=IDC_P39947.

[16] MEHRABI A, KIM K. Low-complexity charging/discharging scheduling for electric
vehicles at home and common lots for smart households prosumers[J]. IEEE Transactions
on Consumer Electronics, 2018, 64(3): 348-355.

[17] CUERVO E, BALASUBRAMANIAN A, CHO D K, et al. Maui: Making smartphones
last longer with code offload[C]//Proceedings of the 8th international conference on

Mobile systems,applications,and services.[S. l. : s. n.],2010: 49-62.

[18] CHUN B G,IHM S,MANIATIS P,et al. Clonecloud: elastic Execution between mobile device and cloud[C]//Proceedings of the sixth conference on Computer systems. [S. l. : s. n.],2011: 301-314.

[19] KOSTA S,AUCINAS A,HUI P,et al. Thinkair: Dynamic resource allocation and parallel execution in the cloud for mobile code offloading[C]//2012 Proceedings IEEE Infocom. [S. l. : s. n.],2012: 945-953.

[20] ZHANG W, WEN Y, WU D O. Energy-efficient scheduling policy for collaborative execution in mobile cloud computing[C]//2013 Proceedings Ieee Infocom. [S. l. : s. n.], 2013: 190-194.

[21] ZHANG W,WEN Y,WU D O. Collaborative task execution in mobile cloud computing under a stochastic wireless channel[J]. IEEE Transactions on Wireless Communications, 2014,14(1): 81-93.

[22] WEN Y, ZHANG W, LUO H. Energy-optimal mobile application execution: Taming resource-poor mobile devices with cloud clones[C]//2012 Proceedings Ieee Infocom. [S. l. : s. n.],2012: 2716-2720.

[23] FLORES H, HUI P, TARKOMA S, et al. Mobile code offloading: from concept to practice and beyond[J]. IEEE Communications Magazine,2015,53(3): 80-88.

[24] MACH P,BECVAR Z. Mobile edge computing: A survey on architecture and computation offloading[J/OL]. CoRR, 2017, abs/1702. 05309. arXiv: 1702. 05309. http://arxiv. org/abs/1702. 05309.

[25] ZHANG Y,LIU H,JIAO L,et al. To offload or not to offload: An efficient code partition algorithm for mobile cloud computing[C]//2012 IEEE 1st International Conference on Cloud Networking (CLOUDNET).[S. l. : s. n.],2012: 80-86.

[26] 什么是计算迁移 _ 边缘计算社区-CSDN 博客[EB/OL].[2022-03-12]https://blog. csdn. net/weixin_41033724/article/details/101139158.

[27] LIU J,MAO Y,ZHANG J,et al. Delay-optimal computation task scheduling for mobile-edge computing systems[C]//2016 IEEE international symposium on information theory (ISIT).[S. l. : s. n.],2016: 1451-1455.

[28] MAO Y,ZHANG J,LETAIEF K B. Dynamic computation offloading for mobile-edge computing with energy harvesting devices [J]. IEEE Journal on Selected Areas in Communications,2016,34(12): 3590-3605.

[29] BARBAROSSA S,SARDELLITTI S, DI LORENZO P. Joint allocation of computation and communication resources in multiuser mobile cloud computing[C]//2013 IEEE 14th workshop on signal processing advances in wireless communications (SPAWC).[S. l. : s. n.],2013: 26-30.

[30] CHEN X,JIAO L,LI W,et al. Efficient multi-user computation offloading for mobile-edge cloud computing[J]. IEEE/ACM Transactions on Networking,2015,24(5): 2795-2808.

[31] OTHMAN M,MADANI S A,KHAN S U,et al. A survey of mobile cloud computing application models[J]. IEEE communications surveys & tutorials,2013,16(1): 393-413.

[32] DENG M,TIAN H,FAN B. Fine-granularity based application offloading policy in cloud-enhanced small cell networks[C]//2016 IEEE International Conference on Communications

Workshops (ICC). [S. l. : s. n.],2016：638-643.

[33] MUNOZ O,PASCUAL-ISERTE A,VIDAL J. Optimization of radio and computational resources for energy efficiency in latency-constrained application offloading[J]. IEEE Transactions on Vehicular Technology,2014,64(10)：4738-4755.

[34] CAO S,TAO X,HOU Y, et al. An energy-optimal offloading algorithm of mobile computing based on HetNets[C]//2015 International Conference on Connected Vehicles and Expo (ICCVE). [S. l. : s. n.],2015：254-258.

[35] MUÑOZ O,PASCUAL-ISERTE A,VIDAL J. Joint allocation of radio and computational resources in wireless application offloading[C]//2013 Future Network & Mobile Summit. [S. l. : s. n.],2013：1-10.

[36] 李智勇,王琦,陈一凡,等. 车辆边缘计算环境下任务卸载研究综述[J]. 计算机学报,2021, 44(5)：963-982.

[37] 张艺馨. 面向智慧社区物联网应用的计算任务卸载机制[D]. 北京：北京邮电大学,2021.

[38] 雷波. 边缘计算 2.0：网络架构与技术体系[M]. 北京：电子工业出版社,2021.

[39] KREUTZ D,RAMOS F,VERISSIMO P E, et al. Software-defined networking：A comprehensive survey[J]. Proceedings of the IEEE,2015,103(1)：14-76.

[40] YI B,WANG X,LI K, et al. A comprehensive survey of Network function virtualization [J]. Computer Networks,2018,133(14)：212-262.

[41] SUN L,JIANG X,REN H, et al. Edge-cloud computing and artificial intelligence in internet of medical things：Architecture,technology and application[J]. IEEE Access, 2020,99：1-1.

[42] VALLATI C,VIRDIS A,MINGOZZI E, et al. Mobile-edge computing come home connecting things in future smart homes using LTE device-to-device communications[J]. IEEE Consumer Electronics Magazine,2016,5(4)：77-83.

[43] ZHAO T,ZHOU S,GUO X, et al. A cooperative scheduling scheme of local cloud and internet cloud for delay-aware mobile cloud computing [C]//2015 IEEE Globecom Workshops (GC Wkshps). [S. l. : s. n.],2015：1-6.

[44] ZHAO Y,ZHAO J,JIANG L, et al. Mobile edge computing,blockchain and reputation-based crowdsourcing iot federated learning：A secure,decentralized and privacy-preserving system[J]. arXiv preprint arXiv：1906. 10893,2019：2327-4662.

[45] TANZIL S S,GHAREHSHIRAN O N,KRISHNAMURTHY V. Femto-cloud formation：A coalitional gametheoretic approach [C]//2015 IEEE Global Communications Conference (GLOBECOM). [S. l. : s. n.],2015：1-6.

[46] OUEIS J,CALVANESE-STRINATI E,DE DOMENICO A, et al. On the impact of backhaul network on distributed cloud computing [C]//2014 IEEE Wireless Communications and Networking Conference Workshops (WCNCW). [S. l. : s. n.],2014：12-17.

[47] 网络功能虚拟化_百度百科[EB/OL]. [2022-07-31]https://baike. baidu. com/item// 15838464?fr=aladdin.

[48] NFV 从入门到放弃之 MANO-知乎[EB/OL]. [2022-07-31]https://zhuanlan. zhihu. com/p/60381646.

[49] 新媒传信小课堂——NFV 的技术架构-腾讯云开发者社区-腾讯云[EB/OL]. [2022-07-

31]https://cloud. tencent. com/developer/news/131623.

[50] WANG H, GONG J, ZHUANG Y, et al. HealthEdge: Task scheduling for edge computing with health emergency and human behavior consideration in smart homes[C]// 2017 IEEE International Conference on Big Data (Big Data). 2017: 1213-1222.

[51] 王旭亮,刘增义,胡雅婕,等.基于 NFV MANO 的边缘计算多种智能化部署方案研究[J].电子技术应用,2019,45(10):7.

[52] XIAOMING L,SEJDINI V,CHOWDHURY H. Denial of service (dos) attack with udp flood[J]. School of Computer Science,University of Windsor,Canada,2010(1): 82-89.

[53] KOLIAS C,KAMBOURAKIS G,STAVROU A,et al. DDoS in the IoT: Mirai and other botnets[J]. Computer,2017,50(7): 80-84.

[54] 国家信息安全漏洞库[EB/OL]. [2022-06-02]http://www. cnnvd. org. cn/web/xxk/ldxqById. tag?CNNVD=CNNVD-201012-307.

[55] LI H,HE Y,SUN L,et al. Side-channel information leakage of encrypted video stream in video surveillance systems [C]//IEEE INFOCOM 2016-The 35th Annual IEEE International Conference on Computer Communications. [S. l. : s. n.],2016: 1-9.

[56] HART G W. Nonintrusive appliance load monitoring[J]. Proceedings of the IEEE,1992, 80(12): 1870-1891.

[57] STANKOVIC L,STANKOVIC V, LIAO J, et al. Measuring the energy intensity of domestic activities from smart meter data[J]. Applied Energy,2016,183: 1565-1580.

[58] CLARK S S,MUSTAFA H,RANSFORD B,et al. Current events: Identifying webpages by tapping the electrical outlet[C]//European Symposium on Research in Computer Security. [S. l. : s. n.],2013: 700-717.

[59] CLARK S S,RANSFORD B,RAHMATI A,et al. {WattsUpDoc}: Power side channels to nonintrusively discover untargeted malware on embedded medical devices[C]//2013 USENIX Workshop on Health Information Technologies (HealthTech 13). [S. l. : s. n.], 2013: 428-443.

[60] ISLAM M A,REN S,WIERMAN A. Exploiting a thermal side channel for power attacks in multi-tenant data centers[C]//Proceedings of the 2017 ACM SIGSAC Conference on Computer and Communications Security. [S. l. : s. n.],2017: 1079-1094.

[61] CHEN Q A,QIAN Z,MAO Z M. Peeking into your app without actually seeing it: {UI} state inference and novel android attacks [C]//23rd USENIX Security Symposium (USENIX Security 14). [S. l. : s. n.],2014: 1037-1052.

[62] DIAO W,LIU X,LI Z,et al. No pardon for the interruption: New inference attacks on android through interrupt timing analysis[C]//2016 IEEE Symposium on Security and Privacy (SP). [S. l. : s. n.],2016: 414-432.

[63] ASONOV D,AGRAWAL R. Keyboard acoustic emanations[C]//IEEE Symposium on Security and Privacy,2004. Proceedings. 2004. [S. l. : s. n.],2004: 3-11.

[64] ZHUANG L,ZHOU F,TYGAR J D. Keyboard acoustic emanations revisited[J]. ACM Transactions on Information and System Security (TISSEC),2009,13(1): 1-26.

[65] ZHOU M,WANG Q,YANG J,et al. Patternlistener: Cracking android pattern lock using acoustic signals[C]//Proceedings of the 2018 ACM SIGSAC Conference on Computer and Communications Security. [S. l. : s. n.],2018: 1775-1787.

［66］ CAI L,CHEN H. TouchLogger: Inferring keystrokes on touch screen from smartphone motion［J］. HotSec,2011,11(2011): 9.

［67］ CHEN Y,LI T,ZHANG R,et al. EyeTell: Video-assisted touchscreen keystroke inference from eye movements［C］//2018 IEEE Symposium on Security and Privacy (SP). ［S. l. : s. n.],2018: 144-160.

［68］ MARTIN M C,LAM M S. Automatic generation of XSS and SQL injection attacks with goal-directed model checking［C］//USENIX Security symposium. ［S. l. : s. n.], 2008: 31-44.

［69］ MCINTOSH M, AUSTEL P. XML signature element wrapping attacks and countermeasures［C］//Proceedings of the 2005 workshop on Secure web services. ［S. l. : s. n.],2005: 20-27.

［70］ MASKIEWICZ J,ELLIS B, MOURADIAN J,et al. Mouse trap: Exploiting firmware updates in USB peripherals［C］//8th USENIX Workshop on Offensive Technologies (WOOT 14). ［S. l. : s. n.],2014: 31-48.

［71］ XIAO Y,JIA Y,LIU C,et al. Edge computing security: State of the art and challenges ［J］. Proceedings of the IEEE,2019,107(8): 1608-1631.

［72］ Danielmiessler (Daniel Miessler) ［ EB/OL］. ［ 2022-02-13 ］ https://github. com/ danielmiessler/.

［73］ LU R,CAO Z. Simple three-party key exchange protocol［J］. Computers &. Security, 2007,26(1): 94-97.

［74］ NAM J,PAIK J,KANG H K,et al. An off-line dictionary attack on a simple three-party key exchange protocol［J］. IEEE Communications Letters,2009,13(3): 205-207.

［75］ CASSOLA A,ROBERTSON W K,KIRDA E, et al. A practical, targeted, and stealthy attack against WPA enterprise authentication. ［C］//NDSS. ［S. l. : s. n.],2013.

［76］ What is evil twin attack?-Definition from WhatIs. com［EB/OL］. ［2022-02-13］https:// www. techtarget. com/searchsecurity/definition/evil-twin.

［77］ VANHOEF M,PIESSENS F. Release the Kraken: new KRACKs in the 802. 11 Standard ［C］//Proceedings of the 2018 ACM SIGSAC Conference on Computer and Communications Security. ［S. l. : s. n.],2018: 299-314.

［78］ Hjp: doc: RFC 5849: The OAuth 1. 0 Protocol［EB/OL］. ［2022-02-13］https://www. hjp. at / doc/ rfc / rfc5849 . html.

［79］ CHEN E Y,PEI Y,CHEN S,et al. Oauth demystified for mobile application developers ［C］//Proceedings of the 2014 ACM SIGSAC conference on computer and communications security. ［S. l. : s. n.],2014: 892-903.

［80］ SUN S T,BEZNOSOV K. The devil is in the (implementation) details: an empirical analysis of Oauth SSO systems ［C］//Proceedings of the 2012 ACM conference on Computer and communications security. ［S. l. : s. n.],2012: 378-390.

［81］ FERNANDES E,JUNG J,PRAKASH A. Security analysis of emerging smart home applications［C］//2016 IEEE symposium on security and privacy (SP). ［S. l. : s. n.], 2016: 636-654.

［82］ JIA Y,XIAO Y, YU J, et al. A novel graph-based mechanism for identifying traffic vulnerabilities in smart home IoT［C］//IEEE INFOCOM 2018-IEEE Conference on

Computer Communications. [S. l. : s. n.],2018: 1493-1501.

[83] NAHAPETIAN A. Side-channel attacks on mobile and wearable systems[C]//2016 13th IEEE Annual Consumer Communications & Networking Conference (CCNC). [S. l. : s. n.],2016: 243-247.

[84] KOCHER P,HORN J,FOGH A,et al. Spectre attacks: Exploiting speculative execution [C]//2019 IEEE Symposium on Security and Privacy (SP). [S. l. : s. n.],2019: 1-19.

[85] ABBAS N,ZHANG Y,TAHERKORDI A,et al. Mobile edge computing: A survey[J]. IEEE Internet of Things Journal,2017,5(1): 450-465.

[86] STOJMENOVIC I,WEN S,HUANG X,et al. An overview of fog computing and its security issues[J]. Concurrency and Computation: Practice and Experience,2016,28(10): 2991-3005.

[87] ZHANG H,WU C Q,GAO S,et al. An effective deep learning based scheme for network intrusion detection [C]//2018 24th International Conference on Pattern Recognition (ICPR). [S. l. : s. n.],2018: 682-687.

[88] VINAYAKUMAR R, SOMAN K, POORNACHANDRAN P. Evaluation of recurrent neural network and its variants for intrusion detection system (IDS)[J]. International Journal of Information System Modeling and Design (IJISMD),2017,8(3): 43-63.

[89] PARK S H,PARK H J,CHOI Y J. RNN-based prediction for network intrusion detection [C]//2020 International Conference on Artificial Intelligence in Information and Communication (ICAIIC). [S. l. : s. n.],2020: 572-574.

[90] DO Q,MARTINI B,CHOO K K R. A cloud-focused mobile forensics methodology[J]. IEEE Cloud Computing,2015,2(4): 60-65.

[91] BARRETT D,KIPPER G. Virtualization and forensics: A digital forensic investigator's guide to virtual environments[M]. Syngress,2010. 1st.

[92] AB RAHMAN N H,CAHYANI N D W,CHOO K K R. Cloud incident handling and forensic-by-design: cloud storage as a case study[J]. Concurrency and Computation: Practice and Experience,2017,29(14): e3868.

[93] WANG Y,UEHARA T,SASAKI R. Fog computing: Issues and challenges in security and forensics[C]//2015 IEEE 39th annual computer software and applications conference: vol. 3. [S. l. : s. n.],2015: 53-59.

[94] ROMAN R,LOPEZ J,MAMBO M. Mobile edge computing: a survey and analysis of security threats and challenges [J]. Elsevier Future Gen. Computer Systems, 2016: 293-301.

[95] ZISSIS D,LEKKAS D. Addressing cloud computing security issues[J]. Future Generation computer systems,2012,28(3): 583-592.

[96] LIANG H,HUANG D,CAI L X,et al. Resource allocation for security services in mobile cloud computing[C]//2011 IEEE Conference on Computer Communications Workshops (INFOCOM WKSHPS). [S. l. : s. n.],2011: 191-195.

[97] STOJMENOVIC I,WEN S. The fog computing paradigm: Scenarios and security issues [C]//2014 federated conference on computer science and information systems. [S. l. : s. n.],2014: 1-8.

[98] SAHAI A, WATERS B. Fuzzy identity-based encryption [C]//Annual international

conference on the theory and applications of cryptographic techniques. [S. l. : s. n.],2005: 457-473.

[99] BLAZE M, BLEUMER G, STRAUSS M. Divertible protocols and atomic proxy cryptography [C]//International Conference on the Theory and Applications of Cryptographic Techniques. [S. l. : s. n.],1998: 127-144.

[100] RIVEST R L, ADLEMAN L, DERTOUZOS M L, et al. On data banks and privacy homomorphisms[J]. Foundations of secure computation,1978,4(11): 169-180.

[101] YANG K, JIA X. Data storage auditing service in cloud computing: challenges, methods and opportunities[J]. World Wide Web,2012,15(4): 409-428.

[102] LIYANAGE M, SALO J, BRAEKEN A, et al. 5G privacy: Scenarios and solutions[C]// 2018 IEEE 5G World Forum (5GWF). [S. l. : s. n.],2018: 197-203.

[103] HE T, CIFTCIOGLU E N, WANG S, et al. Location privacy in mobile edge clouds: A chaffbased approach[J]. IEEE Journal on Selected Areas in Communications, 2017, 35(11): 2625-2636.

[104] HE X, LIU J, JIN R, et al. Privacy-aware offloading in mobileedge computing[C]// GLOBECOM 2017-2017 IEEE Global Communications Conference. [S. l. : s. n.],2017: 1-6.

[105] KHALIL I, KHREISHAH A, AZEEM M. Consolidated Identity Management System for secure mobile cloud computing[J]. Computer Networks,2014,65: 99-110.

[106] GÜR G, PORAMBAGE P, LIYANAGE M. Convergence of ICN and MEC for 5G: Opportunities and Challenges[J]. IEEE Communications Standards Magazine, 2020, 4(4): 64-71.

[107] CHI J, OWUSU E, YIN X, et al. Privacy partition: A privacy-preserving framework for deep neural networks in edge networks[C]//2018 IEEE/ACM Symposium on Edge Computing (SEC). [S. l. : s. n.],2018: 378-380.

[108] DU M, WANG K, CHEN Y, et al. Big data privacy preserving in multi-access edge computing for heterogeneous Internet of Things[J]. IEEE Communications Magazine, 2018,56(8): 62-67.

[109] JIA X, HE D, KUMAR N, et al. A provably secure and efficient identity-based anonymous authentication scheme for mobile edge computing[J]. IEEE Systems Journal, 2019,14(1): 560-571.

[110] LI X, LIU S, WU F, et al. Privacy preserving data aggregation scheme for mobile edge computing assisted IoT applications[J]. IEEE Internet of Things Journal,2018,6(3): 4755-4763.

[111] GAI K, WU Y, ZHU L, et al. Permissioned blockchain and edge computing empowered privacy-preserving smart grid networks[J]. IEEE Internet of Things Journal,2019,6(5): 7992-8004.

[112] PENG H, LIANG L, SHEN X, et al. Vehicular communications: A network layer perspective[J]. IEEE Transactions on Vehicular Technology,2018,68(2): 1064-1078.

[113] KAFFASH S, NGUYEN A T, ZHU J. Big data algorithms and applications in intelligent transportation system: A review and bibliometric analysis[J]. International Journal of Production Economics,2021,231: 107868.

[114] WAZID M, BERA B, DAS A K, et al. Fortifying Smart Transportation Security through Public Blockchain[J]. IEEE Internet of Things Journal, 2022.

[115] CASTRO M, LISKOV B. Practical Byzantine fault tolerance and proactive recovery[J]. ACM Transactions on Computer Systems (TOCS), 2002, 20(4): 398-461.

[116] 本田汽车曝重放攻击漏洞, 可让黑客击解锁并启动汽车[EB/OL]. [2022-07-03] https://www. secrss. com/articles/40700.

[117] LEE C, ZAPPATERRA L, CHOI K, et al. Securing smart home: Technologies, security challenges, and security requirements[C]//2014 IEEE Conference on Communications and Network Security. [S. l. : s. n.], 2014: 67-72.

[118] GURA N, PATEL A, WANDER A, et al. Comparing elliptic curve cryptography and RSA on 8-bit CPUs [C]//International workshop on cryptographic hardware and embedded systems. [S. l. : s. n.], 2004: 119-132.

[119] RADOSAVAC S, CÁRDENAS A A, BARAS J S, et al. Detecting IEEE 802. 11 MAC layer misbehavior in ad hoc networks: Robust strategies against individual and colluding attackers[J]. Journal of Computer Security, 2007, 15(1): 103-128.

[120] Hacked iPhone chargers could let snoops spy on devices-CBS News[EB/OL]. [2022-05-15]https://www. cbsnews. com/news/hacke d-iphone-chargers-could-let-snoops-spy-on-devices/.

[121] SOKULLU R, KORKMAZ I, DAGDEVIREN O, et al. An investigation on IEEE 802. 15. 4 MAC layer attacks[C]//Proc. of WPMC: vol. 41. [S. l. : s. n.], 2007: 42-92.

[122] XMPPloit explained-Tanguy Ortolo [EB/OL]. [2022-05-15] http://tanguy. ortolo. eu/blog/article69/xmpploit-explained.

[123] KHAREL J, REDA H T, SHIN S Y. An architecture for smart health monitoring system based[J]. Journal of Communications, 2017, 12(4): 228-233.

[124] BAIG M M, GHOLAMHOSSEINI H. Smart health monitoring systems: an overview of design and modeling[J]. Journal of medical systems, 2013, 37(2): 1-14.

[125] BUTT S A, DIAZ-MARTINEZ J L, JAMAL T, et al. IoT smart health security threats [C]//2019 19th International Conference on computational science and its applications (ICCSA). [S. l. : s. n.], 2019: 26-31.

[126] SINGH A, CHATTERJEE K. Securing smart healthcare system with edge computing [J]. Computers & Security, 2021, 108: 102353.

[127] LI L, FAN Y, TSE M, et al. A review of applications in federated learning[J]. Computers & Industrial Engineering, 2020, 149: 106854.

[128] SAVAGLIO C, GERACE P, FATTA G D, et al. Data mining at the IoT edge[C]//2019 28th International Conference on Computer Communication and Networks (ICCCN). [S. l. : s. n.], 2019: 12-24.

[129] 谭作文, 张连福. 机器学习隐私保护研究综述[J]. 软件学报, 2020, 31(7): 30.

[130] MCMAHAN H B, MOORE E, RAMAGE D, et al. Federated learning of deep networks using model averaging[J]. arXiv proprint arXiv: 1602. 05629, 2016, 2: 2.

[131] 刘耕, 赵立君, 陈庆勇, 等. 联邦学习在 5G 云边协同场景中的原理和应用综述[J]. 通讯世界, 2020, 27(7): 3.

[132] WANG H, GONG J, ZHUANG Y, et al. Healthedge: task scheduling for edge computing

with health emergency and human behavior consideration in smart homes[J]. 2017: 1213-1222.

[133] 武继刚,刘同来,李境一,等.移动边缘计算中的区块链技术研究进展[J].计算机工程, 2020,46(8): 1-13.

[134] NGUYEN D C, DING M, PHAM Q V, et al. Federated learning meets blockchain in edge computing: Opportunities and challenges[J]. IEEE Internet of Things Journal, 2021, 8(16): 12806-12825.

[135] PÄÄKKÖNEN P, PAKKALA D. Extending reference architecture of big data systems towards machine learning in edge computing environments[J]. Journal of Big Data, 2020, 7(1): 1-29.

[136] WANG F, ZHANG M, WANG X, et al. Deep learning for edge computing applications: A state-of-the-art survey[J]. IEEE Access, 2020, 8: 58322-58336.

[137] WANG X, HAN Y, LEUNG V C, et al. Convergence of edge computing and deep learning: A comprehensive survey[J]. IEEE Communications Surveys & Tutorials, 2020, 22(2): 869-904.

[138] 孟泽宇.边缘侧分布式模型训练与任务迁移技术研究[D].合肥:中国科学技术大学. 2021.

[139] 章宦成,王海江.车联网中基于 SDN 的移动边缘计算卸载策略[J].软件导刊,2021, 20(8): 5.

[140] 曹童杰,李丕范,刘中国.基于 SDN 架构的工业互联网多层多址边缘计算[J].邮电设计技术,2021(7): 5.

[141] ZHENG H, HAO Y, XINNING Z, et al. Research on crowd flows prediction model for 5G demand[J]. Journal on Communications, 40(2): 1.

[142] ZHANG B, SUN X, LIU Y, et al. Development trends and strategic countermeasures of China's emerging energy technology industry toward 2035[J]. Strategic Study of Chinese Academy of Engineering, 2020, 22(2): 38-46.

[143] 莫梓嘉,高志鹏,苗东.边缘智能:人工智能向边缘分布式拓展的新触角[J].数据与计算发展前沿,2020,2(4): 16-27.

[144] JI H, ALFARRAJ O, TOLBA A. Artificial intelligence-empowered edge of vehicles: architecture, enabling technologies and applications[J]. IEEE Access, 2020, 8: 61020-61034.

[145] SONG H, DAUTOV R, FERRY N, et al. Model-based fleet deployment of edge computing applications[C]//Proceedings of the 23rd ACM/IEEE International Conference on Model Driven Engineering Languages and Systems. [S. l. : s. n.], 2020: 132-142.

[146] 王海川.面向边缘智能的模型训练服务部署和任务卸载研究[D].合肥:中国科学技术大学,2020.

附　　录

附录 A　术语表

术　　语	对 照 英 文	术 语 解 析
边缘计算	edge computing	一种将计算和存储资源放置在接近数据源的边缘设备上的计算模式
云计算	cloud computing	一种通过互联网提供计算资源和服务的模式
雾计算	fog computing	一种介于边缘计算和云计算之间的计算模式，旨在提供更低的时延和更高的带宽
移动边缘计算	mobile edge computing	将边缘计算应用于移动设备的计算模式
计算卸载	computation offloading	将计算任务从移动设备卸载到云端或边缘侧计算资源上的技术
能耗	energy consumption	指计算设备在运行过程中消耗的能量
时延	delay	指从发送数据到接收数据所需的时间。包含网络传输时延和服务器完成计算任务的计算时延
软件定义网络（SDN）	software defined networking	通过软件控制网络设备的网络架构
网络功能虚拟化（NFV）	network function virtualization	将网络功能从专用硬件中解耦出来，以软件方式实现的技术
虚拟网络功能（VNF）	virtual network function	通过软件实现的网络功能，如防火墙、路由器等
SCeNB	small cell eNB	用于 LTE 网络的小型基站
NFV 管理与编排	NFV MANO	用于管理和编排网络功能虚拟化的技术
分布式拒绝服务（DDoS）	distributed denial of service	一种通过占用网络资源来阻止合法用户访问服务的攻击
入侵检测系统（IDS）	intrusion detection system	用于检测和防止网络攻击的系统
中间人攻击	man-in-the-middle attack	一种通过篡改通信内容来窃取信息的攻击
数据挖掘	data mining	一种从大量数据中提取有用信息的技术
机器学习	machine learning	一种通过训练模型来使计算机自动学习的技术
联邦学习	federated learning	一种通过在多台设备上训练模型来保护数据隐私的机器学习技术
区块链	blockchain	一种去中心化的分布式账本技术，用于记录交易和数据

附录 B 华为边缘设备产品

B.1 智能边缘服务器

产品名称	产品概述	产品部分简介	适用场景
Atlas 500 Pro	面向边缘应用的产品,具有超强计算能力、高环境适应性、易于部署维护和支持云边协同等特点。可以在边缘场景中广泛部署,满足在交通、能源、园区、商场、超市等复杂环境区域的应用需求	① 形态:2U 短机箱 AI 服务器; ② CPU 及内存:1×鲲鹏 920,4 个 DDR4 内存插槽,最高 3200MT/s; ③ AI 算力:最大 420 TOPS INT8; ④ 板载网卡:4×10GE/25GE(光口)+2×GE(电口); ⑤ 本地存储:12×3.5 SAS/SATA	智慧交通、智慧楼宇、智能制造、智慧社区等

B.2 智能开发者套件

产品名称	产品 概述	产品部分简介	适用场景
Atlas 200I DK A2	面向 AI 开发者算法验证和应用开发场景的产品,具有硬件接口丰富、参考代码和算法模型丰富、工具全流程覆盖等特点,适合个人开发者、高校师生、行业工程师使用,满足 AI 技术学习、AI 教学实践、创意应用开发等场景需求	① CPU 算力:4 core×1.0GHz; ② 内存规格: LPDDR4X, 4GB, 支持 ECC; ③ AI 算力:8 TOPS INT8、4TFLOPS FP16; ④ 存储接口:1 个 Micro SD 卡接口、1 个 M.2 Key M 连接器,支持 1 个 NVMe SSD	智能小车应用、机械臂应用、AI 算法验证等

B.3 智能小站

产品名称	产品 概述	产品部分简介	适用场景
Atlas 500 A2	面向边缘应用的产品,具有环境适应性强、超强计算性能、云边协同等特点。可以在边缘场景中广泛部署,满足在交通、能源、园区、超市等复杂环境区域的应用需求	① CPU 算力:4core×1.6GHz; ② 内存规格:LPDDR4X,12GB,总带宽 51.2GB/s,支持 ECC; ③ AI 算力: 20 TOPS INT8 及 10 TFLOPS FP16; ④ 硬盘仓:支持 1 块 3.5 寸硬盘,容量 4TB/8TB/16TB	智慧交通、智慧加油站、无人零售等

B.4 边缘计算物联网关

产品名称	产 品 概 述	产品部分简介	适用场景
NetEngine AR502H-5G	面向工业应用场景设计的路由器网关,它基于 ARM 架构多核处理器和无阻塞交换架构,融合了路由、交换、VPN、安全等多种功能,满足了企业工业场景应用场景下对网络设备高性能的需求	① NetEngine AR502H-5G 主机; ② 主打工业级路由网关; ③ 无风扇、双电源冗余设计; ④ ARM 4 核 A53,2GB 内存,2GB flash; ⑤ 5G,LTE TDD,LTE FDD,WCDMA	工业网关场景